WALTER SÜDBECK · MATERIALIEN ZUM KURSUNTERRICHT PHYSIK

Materialien zum Kursunterricht Physik

100 Beispiele für Kursarbeiten Physik in der gymnasialen Oberstufe

---

Teil 2

Schwingungen und Wellen
Atomphysik
Relativitätstheorie

Herausgegeben und bearbeitet
von
Walter Südbeck

Aulis Verlag Deubner & Co KG · Köln

Best.-Nr. 2029

Satzherstellung: MS-Satz Meyer, St. Augustin
Druck und Bindung: Weiss & Zimmer AG, Mönchengladbach
ISBN 3-7614-0519-7

Inhaltsverzeichnis

Vorwort IX

Mechanik

M 1 Auswertung eines Fahrbahnversuches .... Gk 1
M 2 Untersuchung einer vorgegebenen Bewegung .... Gk 6
M 3 Auswertung eines v-*t*-Diagramms .... Gk 10
M 4 Kinematik .... Gk 14
M 5 Fadenpendel und Federpendel .... Gk 18
M 6 Arbeit und Energiesatz .... Gk 22
M 7 Die Energieumwandlung beim Federpendel .... Lk 27
M 8 Impuls- und Energiesatz bei Stoßvorgängen .... Gk 32
M 9 Gleichmäßig beschleunigte Rollbewegung .... Lk 36
M 10 Bewegungen im Gravitationsfeld .... Lk 41
M 11 Eine Näherungsberechnung für ellipsenförmige Satellitenbahnen .... Lk 44
M 12 Ein programmiertes Beispiel zur Kinematik .... Lk 49

Thermodynamik

T 1 Die Abhängigkeit der Strahlungsleistung von der Temperatur .... Gk 60
T 2 Die Oberflächentemperatur und Strahlungsleistung der Sonne .... Gk/Lk 63
T 3 Das *Wien*sche Verschiebungsgesetz .... Lk 65
T 4 Die Strahlungsgesetze .... Lk 67

Elektrizitätslehre

E 1 Metallkugel im elektrischen Feld .... Gk 70
E 2 Elektrisches Feld – Feldstärke – Potential .... Lk 72
E 3 Das elektrische Feld der Erde .... Gk 79
E 4 Elektrostatik .... Lk 84
E 5 Elektrostatik – Einfluß des Meßinstrumentes auf den Meßprozeß .... Lk 89
E 6 Das elektrische Feld .... Lk 93
E 7 Rund um den Kondensator .... Lk 96
E 8 Reihenschaltung von Kondensatoren .... Gk 102
E 9 Die Erzeugung von Kippschwingungen mit Hilfe einer Glimmlampe .... Lk 104
E 10 Die Bestimmung der magnetischen Feldkonstanten μ_0 .... Gk 109
E 11 Magnetismus .... Lk 111
E 12 Leistungsmessung mit der *Hall*sonde .... Lk 115
E 13 Elektromagnetische Induktion .... Lk 119
E 14 Untersuchung eines Induktionsvorganges mit dem Zweistrahloszillographen .... Lk 124
E 15 Kapazitätsbestimmungen durch Messung der Halbwertszeiten bei Kondensatorentladungen .... Gk 126
E 16 Komplexe Widerstände .... Lk 131

E 17 Der Sperrkreis . . . . Lk 134
E 18 Auf- und Entladung eines Kondensators über einen ohmschen Widerstand . . . . Lk 139
E 19 Ein- und Ausschaltvorgang in einem Kreis mit ohmschem Widerstand und Induktivität . . . . Lk 144
E 20 Wechselstromwiderstand einer Reihenschaltung . . . . Lk 149
E 21 Parallelschaltung einer Kapazität und einer Induktivität . . . . Gk 153
E 22 Untersuchung der erzwungenen elektromagnetischen Schwingung eines Parallelkreises . . . . Lk 155
E 23 Wechselströme – Schwingungen – Wellen . . . . Lk 159
E 24 Die Kennlinien von Diode und Glimmlampe . . . . Gk 161
E 25 Der Flammenwächter . . . . Gk 164
E 26 Von der Diode zur Triode . . . . Gk 166
E 27 Kennlinien einer Triode . . . . Gk 172
E 28 Bestimmung des Betrages der Horizontalkomponente B des magnetischen Erdfeldes durch Ablenkung von Elektronen einer *Braun*schen Röhre . . . . Gk 176
E 29 Geladenes Teilchen im homogenen elektrischen und magnetischen Feld . Gk 180
E 30 Bewegungen von Ladungsträgern in elektrischen und magnetischen Feldern . . . . Lk 184
E 31 Bestimmung der spezifischen Ladung des Elektrons e/m mit dem Fadenstrahlrohr . . . . Gk/Lk 187
E 32 Auswertung eines Versuchs zum Verhalten des Elektrons im longitudinalen magnetischen Feld; „*e/m* nach *Busch*" . . . . Gk 190
E 33 Die Elektrizitätsleitung in Halbleitern . . . . Lk 193
E 34 Bestimmung der Ladungsträgerkonzentration von Silber und der Störstellenkonzentration von Germanium mit Hilfe von Hallspannungs-Messungen . . . . Gk/Lk 195
E 35 Das Bändermodell und die Bestimmung des Bandkantenabstandes ΔE eines Halbleiters . . . . Lk 197
E 36 Die Elektrizitätsleitung in Metallen . . . . Gk/Lk 200
E 37 Begrenzerwirkung von Z-Dioden . . . . Lk 202

Schwingungen und Wellen

S 1 Gedämpfte Schwingungen . . . . Lk 207
S 2 Elektrische Schwingungen . . . . Gk 213
S 3 Elektrische Schwingungen . . . . Lk 216
S 4 Reihen-Resonanz und Parallel-Resonanz eines elektrischen Schwingungskreises bei mittleren Frequenzen . . . . Lk 220
S 5 Schwingungen einer Wassersäule . . . . Gk 223
S 6 Freie gedämpfte elektromagnetische Schwingungen . . . . Lk 225
S 7 Schwebungen mit Hilfe von gekoppelten Schwingungen . . . . Gk 232
S 8 Stehende Schallwellen . . . . Gk 234
S 9 Der *Doppler*-Effekt . . . . Lk 236

S 10 Beugung am Spalt, wobei sich die Wellen in Wasser ausbreiten . . . . Gk 241
S 11 Interferenz und Überlagerung von Wellen . . . . Lk 243
S 12 Die Deutung der Ergebnisse eines Doppelspaltversuchs mit Licht auf der Grundlage des Wellenmodells . . . . Gk 247

Atomphysik

A 1 Bestimmung der *Avogadro*schen Konstanten aus Kristalleigenschaften . . Gk 251
A 2 Atommodelle / *Franck-Hertz*-Versuch . . . . Gk 254
A 3 Der lichtelektrische Effekt und die Bestimmung der *Planck*schen Konstanten *h* . . . . Lk 259
A 4 Wechselwirkung von Elektronen und Photonen mit Quecksilberatomen . Lk 261
A 5 Die Serien des Wasserstoffspektrums und die Energieniveaus . . . . Lk 268
A 6 Die *Balmer*-Serie des Wasserstoffatoms . . . . Lk 271
A 7 Das *Bohr*sche Atommodell – Möglichkeiten und Grenzen . . . . Lk 274
A 8 Das Spektrum eines wasserstoffähnlichen Ions . . . . Lk 278
A 9 Die Anregung von Natriumatomen . . . . Lk 280
A 10 Moleküle und Photonen . . . . Lk 285
A 11 Das *Bohr*sche Atommodell und seine Grenzen . . . . Gk/Lk 289
A 12 *Röntgen*strahlen . . . . Gk 292
A 13 Die Beugung des *Röntgen*lichts am Kristallgitter . . . . Lk 294
A 14 *Röntgen*absorptionsspektroskopie und die Ordnung der Elemente . . . . . Lk 296
A 15 Absolute Bestimmung des Gitterebenenabstandes von LiF . . . . Gk 300
A 16 Die Beugung von Elektronen an Graphit . . . . Lk 302
A 17 Das Wellenbild des Elektrons . . . . Gk 307
A 18 Das Orbitalmodell des 1s- und 2s-Elektrons . . . . Gk/Lk 311
A 19 Die Elektronenbeugung . . . . Gk/Lk 315
A 20 Reichweite von Alpha-Teilchen . . . . Lk 318
A 21 Beta-Spektrum . . . . Lk 322
A 22 Die Durchlässigkeit von Gammastrahlen in Blei und Eisen . . . . Gk 326
A 23 Gammastrahlung . . . . Lk 330
A 24 Kernreaktionen . . . . Gk 337
A 25 Kernkräfte . . . . Lk 340
A 26 Künstliche Radioaktivität . . . . Lk 344
A 27 Positronen- und Gammastrahlung . . . . Lk 348
A 28 Rund um das Neutron . . . . Lk 351
A 29 Radioaktivität und Umwelt . . . . Lk 357

Relativitätstheorie

R 1 Ort-Zeit-Diagramme (*Minkowski*diagramme) . . . . Gk 362
R 2 Raumschiffe tauschen Radarsignale aus (Zeitdilatation) . . . . Gk 367
R 3 Relativistisches Allerlei . . . . Gk 371
R 4 Zeitdilatation – Längenkontraktion . . . . Lk 374
R 5 *Lorentz*-Transformation . . . . Lk 379
R 6 Wellenoptik – Relativitätstheorie . . . . Lk 384
Autorenverzeichnis . . . . **XI**

Vorwort

Mit diesem Buch werden 100 Beispiele für Klausurarbeiten im Fach Physik der Sekundarstufe II der allgemeinbildenden Gymnasien vorgestellt. Es handelt sich um Kursarbeiten, die von Fachlehrern verschiedener Bundesländer entworfen und im Unterricht zur Feststellung und Bewertung der Lernerfolge und Leistungen praktisch erprobt worden sind.

Die Themen der Arbeiten erfassen im wesentlichen alle Teilbereiche der Schulphysik der Sekundarstufe II der Gymnasien. Die Kennzeichnung der Teilbereiche (M = Mechanik, T = Thermodynamik, S = Schwingungen und Wellen, E = Elektrizitätslehre, A = Atomphysik, R = Relativitätstheorie) in der Kopfleiste der einzelnen Aufgabenvorschläge soll lediglich einer schnellen Orientierung dienen. Die Netzpläne für den Unterricht der Sekundarstufe II der Gymnasien verlassen zwangsläufig die strenge Systematik der Einteilung der Physik und sind nach Bundesländern und Schulen unterschiedlich, sodaß die sequentielle und die inhaltliche Festlegung des Kursgefüges jeweils verschiedene Wechselbeziehungen zwischen den Teilbereichen bedingen. Dadurch schließt sich eine allgemeingültige Kennzeichnung der Arbeiten nach Kursen aus.

Ein Aufgabenvorschlag steht insgesamt unter einem zusammenfassenden Thema, das durch präzise gestellte Teilaufgaben in sinnvollem Umfang gegliedert ist. Die Aufgabenvorschläge für Leistungskurse und Grundkurse unterscheiden sich in der Komplexität der Aufgabenstellung. In der Kopfleiste der Arbeiten sind die *Grundkurse* mit *Gk* und die *Leistungskurse* mit *Lk* gekennzeichnet.

Die Darstellung der einzelnen Kursarbeit gliedert sich in diesem Buch in der Regel in drei Teile. Auf dem eigentlichen Aufgabenblatt ist die zu bearbeitende Aufgabe so formuliert, wie sie dem Schüler in die Hand gegeben werden kann, einschließlich etwaiger Tabellen, Meßreihen, Graphiken, Abbildungen, Textstellen u.ä. Auf dem Lösungsblatt sind dann anschließend die Lösungsansätze kenntlich gemacht und die Teillösungen explizit angegeben. Das Lösungsblatt soll ausschließlich dem Fachlehrer dazu dienen, unter Zeitersparnis eine nach Umfang und Schwierigkeitsgrad geeignete Auswahl zu treffen und ferner die nachfolgende Korrektur der Arbeit zu erleichtern. Die auf dem Lösungsblatt oder im Anschluß daran angegebene Bewertung der Teilergebnisse ist jeweils als ein Beispiel oder höchstens als ein Vorschlag für den Lehrer anzusehen. Die Lernziele, die vom Schüler erreicht werden sollen, sind dabei nicht immer ausdrücklich aufgeführt.

Entwurf und Bewertung einer der Leistungsmessung dienenden Klausurarbeit werden in jedem Falle und vordringlich bestimmt von dem jeweils vorangegangenen Unterricht. Inhalt, Umfang und Organisation des Unterrichts bedingen eine sorgfältige Aufgabenstellung und verlangen eine gewissenhafte Einschätzung des Erwartungshorizonts. Jedem in der Unterrichtspraxis stehenden Fachlehrer ist genügend bekannt, daß dies immer wieder von neuem viel Arbeitszeit und Mühe erfordert. Der Fachlehrer wird stets seine Arbeit für seinen Kurs individuell neu entwerfen bzw. auswählen müssen. In diesem Bemühen soll ihm die vorliegende Beispiel-Sammlung eine nützliche Hilfe bieten.

Die Reihenfolge der Arbeiten ist bewußt nicht nach Grund- und Leistungskursen getrennt getroffen worden. Ein Leistungskurs unterscheidet sich von einem Grundkurs bei gleichlautendem Thema oftmals dadurch, daß zusätzliche Lerninhalte auftreten. Dies ist dann gelegentlich durch die Kennzeichnung Gk/Lk in der Kopfleiste der Arbeit zum Ausdruck gebracht, und der Fachlehrer kann dann entsprechende Änderungen vornehmen. Es ist dabei empfehlenswert, die Themen im Grundkurs so zu wählen, daß sie bestmöglich vertraut machen mit grundlegenden und wichtigen Begriffen und Prinzipien der Physik wie Modell, Energie, Feld, Welle, Quanten, Korpuskel u.a.

Der Schwierigkeitsgrad einer Aufgabenstellung für eine bestimmte Lerngruppe kann nur ermessen werden auf dem Hintergrund des vorangegangenen Unterrichts. Der Unterricht fällt in jedem Falle – wenigstens in Teilen – individuell verschieden aus; daher können die hier vorgestellten Beispiele für Klausurarbeiten nicht die Norm schlechthin sein. Die verschiedenen Anforderungsbereiche (etwa Wissen = I, Verständnis und Anwendung = II, problemlösendes Denken = III) müssen in angemessenem Verhältnis in der Aufgabenstellung ihre Beachtung finden.

Hinzuweisen ist in diesem Zusammenhang auf die „Vereinbarung über die Anwendung einheitlicher Prüfungsanforderungen in der Abiturprüfung der neugestalteten gymnasialen Oberstufe" der Kultusministerkonferenz vom 6. 2. 1975.

Im vorliegenden Buch wird besonderer Wert gelegt auf Beispiele für Klausurarbeiten, die das praktische Experiment in den Vordergrund der Betrachtung stellen, sofern dies mit den Mitteln der Schulphysik möglich ist. Die meisten Experimente sind dem Fachlehrer aus der vorliegenden Literatur bekannt; nur bei neuartigen Experimenten werden gelegentlich zusätzliche experimentelle Hinweise und Literaturstellen gebracht.

Die vorliegende Sammlung von bewährten Kursarbeiten hat ihren Ursprung in der Rubrik *Materialien zum Kursunterricht* der im *Aulis Verlag Deubner & Co KG, Köln,* monatlich erscheinenden Fachzeitschrift *Praxis der Naturwissenschaften/Physik*. So wurden 27 der in diesem Buch vorgestellten Kursarbeiten bereits in der *Praxis* abgedruckt; die übrigen 73 Arbeiten werden nur diesem Buch vorbehalten bleiben.

Für Anregungen und Beispiele für Kursarbeiten, die der Unterrichtspraxis erwachsen sind und dem Fachlehrer eine geeignete Hilfe sein können, ist der Herausgeber stets dankbar.

Die für die Schüler bestimmten Aufgabentexte dürfen – bei Abdecken der Kopfleiste – von dem einzelnen Fachlehrer für seinen eigenen Gebrauch nach beliebigem Verfahren in der für die jeweilige Lerngruppe limitierten Anzahl kopiert werden; diese Möglichkeit der Vervielfältigung der Aufgabentexte für die Hand des Schülers wird dem Käufer dieses Buches von Verlag und Herausgeber ausdrücklich gestattet.

Der Herausgeber dankt allen Autoren, die ihre Kursarbeiten zur Druckreife gebracht und zur Verfügung gestellt haben. Dem Verlag wird gedankt für die gute Ausstattung des Buches.

Möge dieses Sammelwerk dem Fachlehrer eine praktische Hilfe bieten und darüber hinaus einen Beitrag leisten können in dem Bemühen um eine Vereinheitlichung der Prüfungsanforderungen im Fach Physik der gymnasialen Oberstufe.

Cloppenburg, Mai 1979 *Walter Südbeck*

Gedämpfte Schwingung

Die Aufgaben:

1. *Zur Theorie:*

a) Zeigen Sie, daß die Lösung der Bewegungsgleichung der gedämpften Schwingung für die Anfangsbedingungen

$y(0) = A_0, \quad \dot{y}(0) = 0$

unter der Voraussetzung $R < 2\sqrt{m D}$ die Form

$$y(t) = A_0\, e^{-\rho t}\left(\cos \omega t + \frac{\rho}{\omega} \sin \omega t\right) \qquad (1)$$

hat und daß diese im aperiodischen Grenzfall ($R = 2\sqrt{m D}$) übergeht in

$$y(t) = A_0\, e^{-\rho t}(1 + \rho t). \qquad (2)$$

b) Bestimmen Sie die Zeitkoordinaten t_n und die Ortskoordinaten $y(t_n)$, n = 0, 1, 2, 3, . . . der Umkehrpunkte von (1) (Abb. 1).

c) Entwickeln Sie eine Formel, nach der ρ aus dem Quotienten der Amplitude $A_n = | y(t_n) |$ zur Zeit t_n und der Amplitude $A_{n+2} = | y(t_{n+2\nu}) |$ nach ν weiteren Schwingungen bestimmt werden kann (Abb. 1).

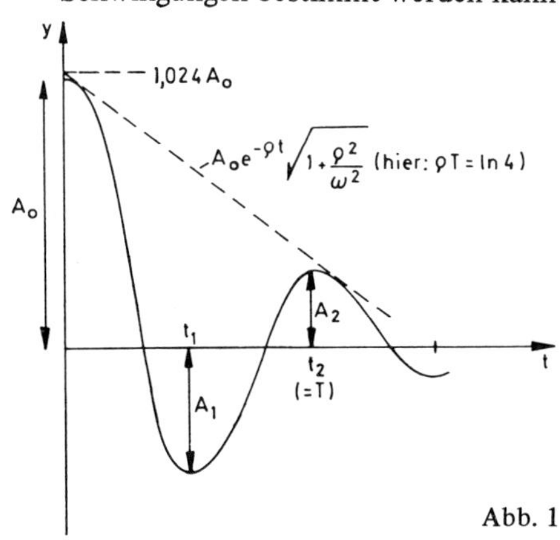

Abb. 1

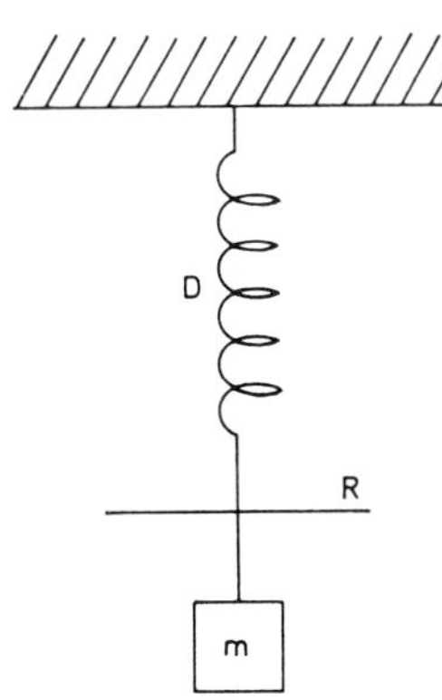

Abb. 2

d) Zeigen Sie, daß (1) geschrieben werden kann in der Form

$$y(t) = A_0\, e^{-\rho t}\sqrt{1 + \frac{\rho^2}{\omega^2}}\, \cos(\omega t - \varphi_0). \qquad (3)$$

Was ergibt sich für φ_0?

StR. Dipl.-Phys. *Helmut Reimers*
4800 Bielefeld

2. *Versuchsanalyse:*

Bei einem Federpendel, bestehend aus einem Pendelkörper der Masse m, einer Schraubenfeder mit der Federkonstante D und einem Dämpfungselement mit dem Reibungsfaktor R (Abb. 2) wird mit $m = 0{,}1$ kg für zwei Schwingungen eine Gesamtdauer $2\,T = 4$ s gemessen; bei Vorgabe von $A_0 = 0{,}5$ m wird nach zwei Schwingungen $A_4 =$ 5 cm festgestellt.

a) Bestimmen Sie T_0 und vergleichen Sie diesen Wert mit T! (T_0 bezeichnet die Schwingungsdauer des Federpendels mit gleichen Werten für m und D und verschwindender Reibung.) Was ergibt sich für die Federkonstante D?

b) Welchen Wert R_a muß der Reibungsfaktor R bei gleichbleibender Masse m und Federkonstante D annehmen, damit sich das Federpendel im aperiodischen Grenzfall der Gleichgewichtslage annähern kann?

c) Nach welcher Zeit t_1 ist in beiden Fällen mit Sicherheit die Elongation auf 1 % des Anfangswertes abgefallen, also

$y(t) \leqq 0{,}01\,A_0$ für $t \geqq t_1$?

(Lösen Sie die Bestimmungsgleichung für t_1 im aperiodischen Grenzfall numerisch auf drei Dezimalen durch Iteration.)

d) Wie groß ist in beiden Fällen die maximal auftretende Reibungskraft $(F_R)_{max}$?

Hinweis: Steht eine Feder mit etwa $D = 0{,}1\,\frac{\mathrm{N}}{\mathrm{m}}$ nicht zur Verfügung, kann ein entsprechendes Rückstellelement aus drei der in den Sammlungen gebräuchlichen Federn mit $D = 0{,}33\,\frac{\mathrm{N}}{\mathrm{m}}$ zusammengestellt werden; ein Dämpfungselement mit etwa $R = 0{,}1$ kg sec^{-1} läßt sich aus einer hinreichend stabilen Folie oder Pappe von ca. DIN-A 3-Größe erstellen.

Zur Theorie vgl. den Aufsatz „Elementare mathematische Behandlung der gedämpften Schwingung" vom gleichen Verfasser in PRAXIS 27, 9 (1977), S. 225 ff.

D i e L ö s u n g e n :

1 a) Der Ansatz $y(t) = A_1\, e^{-\rho t} \cos \omega t + A_2\, e^{-\rho t} \sin \omega t$
(Überlagerung zweier unabhängiger Lösungen der Bewegungsgleichung), wobei

$$\omega = \sqrt{\omega_0^2 - \rho^2} = \sqrt{\frac{D}{m} - \frac{R^2}{4m^2}}$$

führt mit $y(0) = A_0$ auf die Beziehung $A_1 = A_0$ und mit $\dot{y}(0) = 0$ auf

$0 = -\rho A_1 + \omega A_2$, also letztlich $A_2 = \frac{\rho}{\omega} A_0$, womit (1) bestätigt ist.

$R = 2\sqrt{m D}$ bedeutet $\omega = 0$, woraus sich nach Grenzwertbetrachtung (2) ergibt.

1 b) Die Umkehrpunkte liegen wegen

$$\dot{y}(t) = -A_0\, e^{-\rho t} \left(\frac{\rho^2}{\omega} + \omega\right) \sin \omega t \qquad (4)$$

an den Stellen $\omega t = n\pi$, n = 0, 1, 2, . . ., also $t_n = \frac{nT}{2}$.

1 c) Aus $A_{n+2\nu} = A_0\, e^{-\rho (n+2\nu)\frac{T}{2}}$ und $A_n = A_0\, e^{-\rho n \frac{T}{2}}$
ergibt sich

$$\frac{A_{n+2\nu}}{A_n} = e^{-\rho \nu T} \text{ d. h. } e^{\rho \nu T} = \frac{A_n}{A_{n+2\nu}}$$

also

$$\rho = \frac{1}{\nu T} \ln \frac{A_n}{A_{n+2\nu}}, \qquad \begin{array}{l} n = 0, 1, 2, \ldots \\ \nu = 1, 2, \ldots \end{array} \qquad (5)$$

1 d) Eine Analyse des Schwingungsterms $\sigma(t) = \cos \omega t + \frac{\rho}{\omega} \sin \omega t$ in (1) mittels eines Zeigerdiagramms oder durch Bestimmung der Extrema von $\sigma(t)$ führt auf

$$\sigma(t) = \sqrt{1 + \frac{\rho^2}{\omega^2}} \cos(\omega t - \varphi_0)$$

mit $\varphi_0 = \arctan \frac{\rho}{\omega}$, woraus sich (3) ergibt.

2 a) $\omega = \sqrt{\omega_0^2 - \rho^2}$ ist die Kreisfrequenz der gedämpften Schwingung, aus der sich die Schwingungsdauer T_0 der zugehörigen ungedämpften Schwingung errechnet nach

$$T_0 = \frac{2\pi}{\sqrt{\omega^2 + \rho^2}}, \text{ wobei nach (5) } \rho = \frac{1}{2T} \ln 10;$$

StR. Dipl.-Phys. *Helmut Reimers*
4800 Bielefeld

für $T = 2$ s wird $\rho = 0{,}576\ s^{-1}$ (somit $R = 2\,m\,\rho = 0{,}115$ kg s^{-1}) und $T_0 = 1{,}967$ s, die Schwingungsdauer T ist also um 1,7 % größer als T_0.

Die Federkonstante D hat nach $D = m\,\omega_0^2$ den Wert $D = 1{,}02\ \frac{N}{m}$.

2 b) Im aperiodischen Grenzfall ist $\rho = \omega_0$, somit $R_a = 2\sqrt{mD}$, also $R_a = 0{,}638$ kg s^{-1}. Ein Vergleich mit dem Wert $R = 0{,}115$ kg s^{-1} zeigt, daß die Dämpfung um den Faktor 5,5 vergrößert werden muß.

2 c) Die Abschätzung ist für den Schwingfall entsprechend (3) gegeben durch

$$A_0\, e^{-\rho t} \sqrt{1 + \frac{\rho^2}{\omega^2}} \leqq 0{,}01\, A_0$$

bzw.

$$t \geqq \frac{1}{\rho} \ln \left(100 \sqrt{1 + \frac{\rho^2}{\omega^2}} \right), \text{ also } t_1 = 8{,}06 \text{ s.}$$

Im aperiodischen Grenzfall ist die Abklingzeit t_1 bestimmt durch

$$A_0\, e^{-\rho t_1} (1 + \rho\, t_1) = 0{,}01\, A_0,$$

woraus man die Beziehung

$$\rho\, t_1 = \ln 100 + \ln (1 + \rho\, t_1)$$

zur iterativen Bestimmung von t_1 erhält: mit dem Iterationsanfang $\rho\, t_1 = \ln 100$ erhält man nach 5 Iterationsschritten (die mit einem Taschenrechner schnell durchzuführen sind) $\rho\, t_1 = 6{,}638$, somit wird, da nach 2 b) für ρ hier $\rho = R_a/2m$, also $\rho = 3{,}19\ s^{-1}$ einzusetzen ist, $t_1 = 2{,}08$ s.

2 d) Der Betrag der Reibungskraft ist $F_R = |R\dot{y}|$. Für den Schwingfall des Versuches hat $\dot{y}(t)$, wie aus (4) zu entnehmen, sein Maximum bei $\omega t = \pi/2$, also $t = \frac{T}{4}$, somit ist

$$(F_R)_{max} = R\, A_0\, e^{-\rho \frac{T}{4}} \left(\frac{\rho^2}{\omega} + \omega \right) = 0{,}14 \text{ N.}$$

Im aperiodischen Grenzfall ist $\dot{y}(t) = -\rho^2 A_0\, e^{-\rho t} \cdot t$.

Das Maximum (Extremalbestimmung) wird zur Zeit $t = \frac{1}{\rho}$ angenommen, also ist hier $(F_R)_{max} = R_a\, \rho\, A_0\, e^{-1} = 0{,}75$ N.

StR. Dipl.-Phys. *Helmut Reimers*
4800 Bielefeld

Unterrichtliche Voraussetzungen

Physikalische Grundkenntnisse

*Newton*sche Bewegungsgleichung; kinematische Beschreibung einer Schwingung; mechanische Bestimmungsgrößen des gedämpften harmonischen Oszillators.

Methodenkenntnis (mathematisch; theoretisch-physikalisch)

Exponentialfunktion und natürlicher Logarithmus; Grundregeln der Differentiation; Differentiation von Exponential- und Winkelfunktionen einschließlich Grenzwertbildung $\lim\limits_{x \to 0} \frac{\sin x}{x} = 1$; iterative Lösung einer Gleichung.

Erwarteter Lösungsweg

1 a) Entsprechend der Aufgabenstellung

1 b) Die t-Koordinaten der Umkehrpunkte ergeben sich als Nullstellen der Geschwindigkeit-Zeit-Funktion $\dot{y}(t)$.

1 c) Ansatz nach Aufgabenstellung; durch Logarithmieren kann nach ρ aufgelöst werden.

1 d) Hier sind zwei Wege denkbar: einerseits können die Extremwerte von $(\cos \omega t + (\rho/\omega) \sin \omega t)$ bestimmt werden, zum anderen kann auch die Addition der Winkelfunktionstherme $\cos \omega T$ und $(\rho/\omega) \sin \omega t$ nach dem Zeigerdiagramm durchgeführt werden.

2 a) T_0 erhält man durch einfache Umformungen aus $\omega^2 = \omega_0^2 + \rho^2$; D wird mittels ω_0 berechnet.

2 b) Die Lösung dieser Teilaufgabe ist aus dem Ansatz $\rho = \omega_0$ zu entwickeln.

2 c) Aus (3) folgt der Ansatz zur Abschätzung des Schwingfalls unter Weglassen der Winkelfunktionsterme, nach t kann durch Logarithmieren aufgelöst werden.
Im aperiodischen Grenzfall zieht man (2) heran, wobei jedoch nicht nach t aufgelöst werden kann, sondern t iterativ bestimmt werden muß.

2 d) Die maximale Reibungskraft liegt bei der maximalen Geschwindigkeit vor, also sind die Extrema von $\dot{y}(t)$ durch nochmaliges Differenzieren und Nullsetzen zu ermitteln. Die Reibungskraft selbst folgt aus $F_R = | R \dot{y} |$.

Bewertung der Leistungsanforderungen (nach *Bloom* bzw. *Roth*):

1 a) Kenntnis der Bewegungsgleichung der gedämpften Schwingung und ihrer speziellen Lösungen: B/R I
Bestimmung einer speziellen Lösung zu vorgegebenen Anfangsbedingungen: B II, R II/III *)

StR. Dipl.-Phys. *Helmut Reimers*
4800 Bielefeld

1 b) Ermittlung der Umkehrpunkte: B III, R II/III

1 c) Entwicklung der Formel nach Anleitung: B II, R II/III

1 d) Ableitung der Formel: B III, R III

2 a) Bestimmung von T_0 und D: B/R II

2 b) Bestimmung von R_a: R/B II

2 c) Aufstellung der Gleichungen: B/R III
Lösung der Gleichungen: B II, R II/III (Schwingfall)
B III, R III (aperiod. Grenzfall)

2 d) Ermittlung der maximalen Reibungskraft: B III, R IV

*) II/III: „II bzw. III, je nach Vorbereitung im Unterricht."

H. Reimers, Bielefeld

StD., *Karl Imkamp*
4047 Dormagen

Elektrische Schwingungen

Die Aufgaben:

1. Beschreiben Sie den Weg, wie man ausgehend vom Energieerhaltungsprinzip über die Differentialgleichung $\ddot{Q} + Q \cdot 1/LC = 0$ die *Thomsonsche* Schwingungsgleichung $T = 2\,\pi\,\sqrt{LC}$ herleiten kann.

2. Welche physikalischen Größen werden in ihrem zeitlichen Verlauf in dem unten abgebildeten Oszillogramm aufgezeichnet? Mit welchen Systemen wurden diese Größen jeweils registriert? Begründen Sie Ihre Aussagen.

3. Die Dauer des gesamten Entladungsvorgangs betrug $T_g = 0{,}01$ s. Bestimmen Sie mit Hilfe des Oszillogramms die Schwingungszeit der aufgezeichneten elektrischen Schwingung.

4. Die Kapazität des Schwingkreises betrug $C = 1\ \mu$F. Bestimmen Sie unter Verwendung der *Thomson*schen Schwingungsformel die Induktivität L des Schwingkreises.

5. Warum kann man die Verwendung der *Thomson*schen Schwingungsformel in 4. in Frage stellen?

6. Die beiden Graphen enthalten – abgesehen von den unterschiedlichen Amplituden – einen Unterschied und eine Gemeinsamkeit. Welche sind das und wie erklären Sie den Unterschied und die Gemeinsamkeit?

7. a) Worauf führen Sie die Abnahme der Amplituden im Verlauf des Schingungsvorgangs zurück?
   b) Was für einen Versuch schlagen Sie vor, um Ihre Erklärung qualitativ zu verifizieren?

Das nebenstehende Oszillogramm wurde mit dem nach folgender Skizze aufgebauten Versuch erstellt.
(Der Anschluß des Relais an eine Wechselspannung mit $f = 50$ Hz ist nicht eingezeichnet.)

StD., *Karl Imkamp*
4047 Dormagen

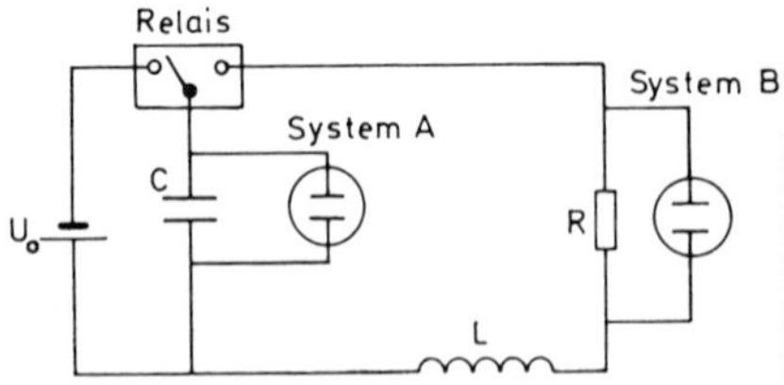

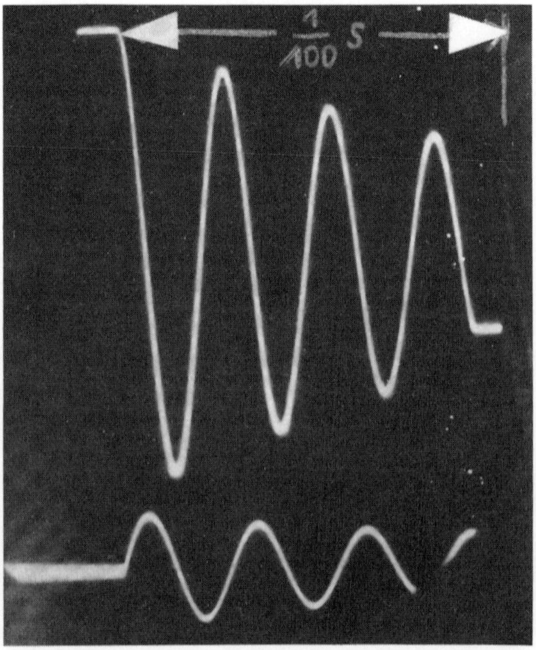

Abb. 1

Die Lösungen: Punkte

1. Energiebilanz $\frac{1}{2} C U^2 + \frac{1}{2} L I^2 = const.$,

   Differentiation der Energiegleichung,
   Lösungsansatz $Q = Q_m \sin (\omega t + \alpha)$,
   Bestimmungsgleichung für ω

   LERNZIELSTUFE VERSTÄNDNIS (Interpretation) 10

2. Zuordnung der aufgezeichneten physik. Größen,
   Zuordnung der Graphen zu $U_c(t)$ und $I(t)$,
   Begründung über Anfangsbedingungen und Schaltskizze

   LERNZIELSTUFE WISSEN (Wissen von Methoden) 10

3. $1 \text{ cm} \mathrel{\hat{=}} \frac{0{,}01 \text{ s}}{5{,}2}$; $3 T' \mathrel{\hat{=}} 4{,}3$ cm; $T = 2{,}76 \cdot 10^{-3}$ s

   LERNZIELSTUFE VERSTÄNDNIS (Translation) 4

4. $L = \frac{1}{C} \frac{T^2}{4 \pi^2}$; $L = 0{,}19$ H

   LERNZIELSTUFE VERSTÄNDNIS (Translation) 6

5. Die Herleitung in 1. enthält eine stillschweigende Annahme, die hier nur näherungsweise erfüllt ist. Die maximale elektrische Feldenergie nimmt mit der Zeit ab, wie die Abnahme der Amplitude von $U_c(t)$ zeigt.

   LERNZIELSTUFE ANALYSE (Analyse von Elementen) 10

6. Unterschied in der Phase,
   Gemeinsamkeit in der Frequenz,
   Erklärung durch Bezugnahme auf Zustandekommen der Schwingung oder auf Gesetze des Wechselstromkreises

   LERNZIELSTUFE ANWENDUNG 10

7. a) Im Ohmschen Widerstand entsteht Wärme, die sich nicht mehr in elektrische bzw. magnetische Feldenergie zurückverwandelt.

   LERNZIELSTUFE ANALYSE (Analyse von Beziehungen) 5

   b) Verändern des Ohmschen Widerstandes; bei Vergrößerung müßte die Amplitudenabnahme steiler werden.

   LERNZIELSTUFE SYNTHESE (Entwerfen eines Planes) 5

   60

Die Note wird aus der erreichten Gesamt-Punktzahl (in %) nach dem Normenbuch Physik ermittelt.

Karl Imkamp, Dormagen

StD., *Karl Imkamp*
4047 Dormagen

Elektrische Schwingungen

D i e A u f g a b e n :

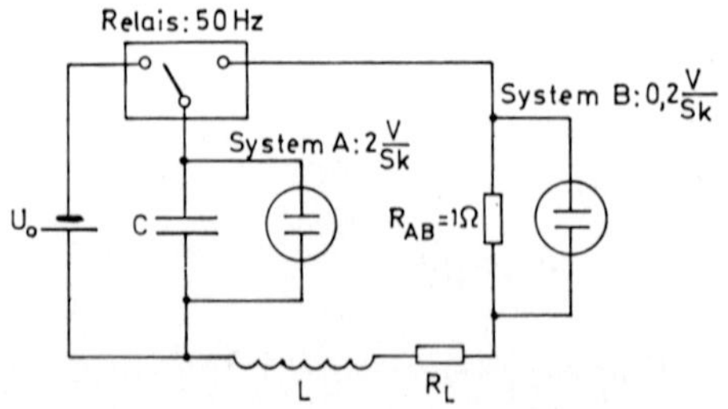

Schaltskizze zum Versuch

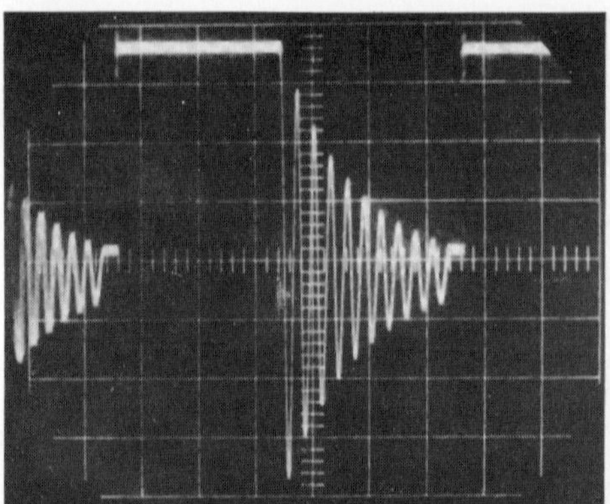
Abb. 1

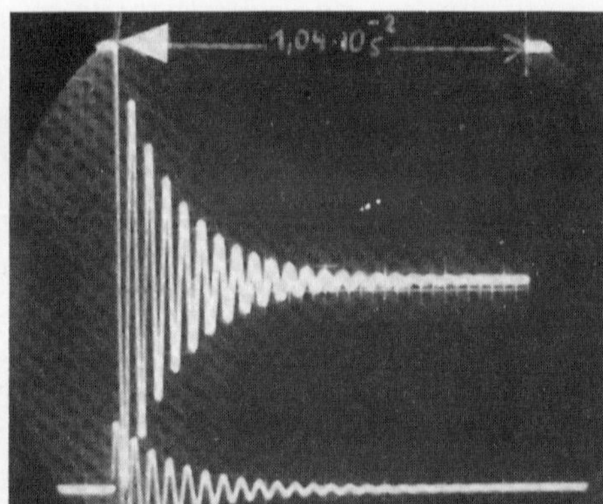
Abb. 2

Die abgebildeten Oszillogramme wurden mit dem skizzierten Versuchsaufbau erstellt. Bei Bild 1 wurde nur mit einem System des Zweistrahloszillographen gearbeitet. Die Kippfrequenz bei den Bildern 2–4 ist größer als bei Bild 1. Bei allen Bildern stimmen die Empfindlichkeiten der Systeme und der Abbildungsmaßstab überein.

1. Beschreiben Sie den Weg zur theoretischen Herleitung der folgenden Formeln.

a) $\omega = \sqrt{\frac{1}{LC} - \left(\frac{R}{2L}\right)^2} \quad \left(\omega_0 = \sqrt{\frac{1}{LC}}\right)$ b) $k = \frac{R}{2L}$ c) $I_0 = -\frac{U_0}{\omega L}$

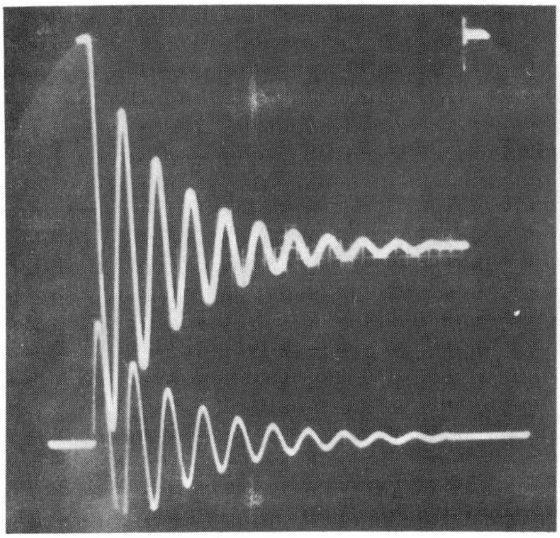

Abb. 3

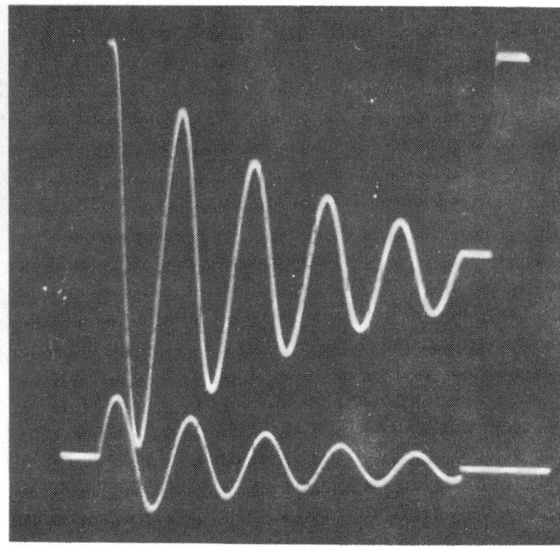

Abb. 4

2. Welche physikalischen Größen wurden in ihrem zeitlichen Verlauf aufgezeichnet? Mit welchen Systemen wurden die Größen jeweils registriert? Begründen Sie Ihre Aussagen.

3. Begründen Sie die Zeitmarkierung auf Bild 2 ($1{,}04 \cdot 10^{-2}$ s $\approx \frac{1}{100}$ s).

4. Bestimmen Sie für Bild 2 die Schwingungszeit T, den Dämpfungsfaktor k, die Spannung U_0 und die Stromstärke I_0 der zugehörigen Schwingung ($t_H = \frac{1}{k} \ln 2$).

5. Bestimmen Sie unter Auswertung der Ergebnisse von Teilaufgabe 4 die Induktivität L, den ohmschen Widerstand R und die Kapazität C des Kreises. (Zur Bestimmung von C kann mit der Näherungsformel $\omega \approx \omega_0$ gearbeitet werden.)

6. Weisen Sie nach, daß im Rahmen der erreichbaren Meßgenauigkeit die Anwendung der Näherungsformel $\omega \approx \omega_0$ gerechtfertigt ist.

7. Beim Übergang von Bild 2 nach Bild 3 wurde die Kapazität verändert. Begründen Sie mit Hilfe dieser Angabe die Unterschiede und die Gemeinsamkeiten zwischen den Oszillogrammen auf beiden Bildern. Machen Sie eine quantitative Aussage über die Veränderung der Kapazität.

8. Beim Übergang von Bild 3 nach Bild 4 wurden zwei der physikalischen Größen R, L und C verändert. Welche Größen sind dies? Schätzen Sie die Veränderungen dieser Größen ab.

StD. *Klaus Kursawe*
4000 Düsseldorf

Die Lösungen:

	Punkte	
1. Weg zur Herleitung der Formeln (VERSTÄNDNIS)	9	
Spannungsbilanz $U_R + U_L + U_C = 0$		2
Differentialgleichung für $I(t)$		2
Lösungsansatz $I(t) = I_0 \, e^{-kt} \sin \omega t$		1
Bestimmungsgleichungen für ω und k		2
Bestimmung von I_0 aus der Anfangsbedingung $U_C(0) = U_0$		2
2. Kennzeichnung der aufgezeichneten Größen (WISSEN)	5	
Zuordnung der Graphen zu U_C und I		1
Zuordnung der Größen U_C und I zu den Systemen		1
Begründungen über Anfangsbedingungen und Schaltskizze		3
3. Begründung für die Dauer des Entladungsvorganges (VERSTÄNDNIS)	3	
4. Bestimmung von T, k, U_0 und I_0 für Bild 2 (VERSTÄNDNIS)	9	
Bestimmung von T, $T = 0{,}45 \cdot 10^{-3}$ s ± 5 % ($\omega = 1{,}4 \cdot 10^4$ s^{-1} ± 5 %)		2
Bestimmung von k, $k = 0{,}60 \cdot 10^3$ s^{-1} ± 10 %		3
Bestimmung von U_0, $U_0 = 7{,}8$ V ± 5 %		2
Bestimmung von I_0, $I_0 = 0{,}24$ A ± 5 %		2
5. Bestimmung von L, R und C (Bild 2) (VERSTÄNDNIS)	9	
Formel für L, $L = \frac{U_0}{\omega I_0}$,		2
Numerische Best. von L, $L = 2{,}3 \cdot 10^{-3}$ H ± 15 %		1
Formel für R, $R = 2kL$		2
Numerische Best. von R, $R = 2{,}8\ \Omega$ ± 25 %		1
Formel für C, $C = \frac{T^2}{4\pi^2 L}$ oder $C = \frac{I_0}{\omega U_0}$		2
Numerische Best. von C, $C = 2{,}2 \cdot 10^{-6}$ F ± 15 %		1
6. Begr. für die Anwendbarkeit der Näherungsformel (ANALYSE)	6	
Formeln $\omega_0 = \omega\sqrt{1 + (k/\omega)^2}$, $\omega_0 \approx \omega\,(1 + \frac{1}{2}(k/\omega)^2)$		3
Abschätzen der Differenz mit 0,1 % ($(k/\omega)^2 \approx 0{,}002$)		3
7. Vergleich Bild 2 mit Bild 3 (ANWENDUNG)	10	
Keine Änderung der maximalen Spannungsamplitude, $U_0 = const$		2
Keine Änderung der Dämpfung, $k = R/2L$ unabhängig von C		2
Verdopplung von T, $T \sim \sqrt{C}$ für $\omega = \omega_0$		2
Verdopplung von I_0, $I_0 \sim 1/\omega$ und $1/\omega \sim \sqrt{C}$		2
Vervierfachung von C, da T verdoppelt		2

8. Vergleich Bild 3 mit Bild 4 (ANALYSE)	9	
Schwingungszeit, $T_4 \approx 2\,T_3$		1
Halbwertszeit, $t_4 \approx 3\,t_3$		1
Stromstärke, $I_{04} \approx \frac{1}{2}\,I_{03}$		1
Gleichungssystem für die Größen beider Kreise		3
Auflösung des Systems, $C_4 \approx C_3$, $L_4 \approx 4\,L_3$, $R_4 \approx \frac{4}{3}R_3$		3
	60	

K. Kursawe, Düsseldorf

OStR. *Kurt Hintze*
2148 Zeven

Reihen-Resonanz und Parallel-Resonanz eines elektrischen Schwingkreises bei mittleren Frequenzen

Versuch 1: 1 Sinusgenerator, 1 Spule mit 600 Wdg. ohne Eisenkern ($L = 1{,}7 \cdot 10^{-2}$ H, $R_\Omega = 3{,}3\ \Omega$), 1 Kondensator ($C = 4{,}7\ \mu$F), 2 große Drehspulinstrumente und 2 Vielfach-Meßinstrumente.
Versuch 2: Geräte wie bei Versuch 1 und zusätzlich ein ohmscher Widerstand von 100 Ω.

Die Aufgaben:

In dem Versuch 1 soll ein Reihenschwingkreis aus Spule und Kondensator mit den angegebenen Geräten aufgebaut werden. Zu den entsprechenden Frequenzen werden die Effektivwerte der Spannungen U_L an der Spule und der Spannung U_c am Kondensator sowie die Stromstärke I_{eff} gemessen.

Bei dem Versuch 2 dient ein Parallelkreis aus denselben Geräten wie bei Versuch 1 zur experimentellen Untersuchung. Zusätzlich ist ein ohmscher Widerstand von $R_\Omega = 100\ \Omega$ in die Zuleitung zum Schwingkreis gelegt. Auch hier werden zu den entsprechenden Frequenzen die Effektivwerte der Stromstärke I_L in der Spule, der Stromstärke I_C durch den Kondensator und der Gesamtstromstärke I gemessen. In den beiden Versuchen beträgt die konstante Spannung an den Klemmen des Sinusgenerators 7,5 V.

a) Fertigen Sie von jeder der beiden Versuchsanordnungen eine Schaltskizze an.

b) Führen Sie eine graphische Darstellung der Spannungen U_L, U_C der Stromstärke I_{eff} aus Versuch 1 in Abhängigkeit der Frequenz ν und der 3 Stromstärken aus Versuch 2 ebenfalls als Funktion von ν durch.

c) Beschreiben Sie die erhaltenen Kurven und erklären Sie ihren Verlauf mit Hilfe der Gesetze der Wechselstromlehre. Erläutern Sie insbesondere weshalb bei der Resonanzfrequenz die Spannungen an der Spule und am Kondensator wesentlich größer sind als die Ausgangsspannung.

d) Leiten Sie die *Thomson*sche Formel $\nu = (2\pi\sqrt{L \cdot C})^{-1}$ aus den entsprechenden Gesetzen eines Serienkreises her. Berechnen Sie mit dieser Formel die Resonanzfrequenz ν_r und vergleichen Sie diesen Wert mit dem aus den Ergebnissen von Versuch 1.

e) Zeigen Sie mit Hilfe der Zeigerdarstellung von Widerständen im Parallelkreis, daß man für die Resonanzfrequenz bei nicht vernachlässigtem ohmschen Widerstand der Spule die Formel $\nu_r = \frac{1}{2\pi} \cdot \sqrt{\frac{1}{L \cdot C} - \left(\frac{R_\Omega}{L}\right)^2}$ erhält.

Berechnen Sie hiermit ν_r und vergleichen Sie diesen Wert mit demjenigen aus Versuch 2.

f) Bestimmen Sie den Resonanzwiderstand R_{res} beim Versuch 1. Zeigen Sie, daß man beim Versuch 2 für den Resonanzwiderstand allgemein erhält $R_{ges} = \frac{L}{R_\Omega C}$. Berechnen Sie somit auf 2 verschiedene Arten den Resonanzwiderstand in Versuch 2.

OStR. *Kurt Hintze*
2148 Zeven

Lösungen und Bewertungsvorschlag:

	Punkte
a) Schaltskizze Versuch 1	1
Schaltskizze Versuch 2	2
b) Richtige Darstellung der Resonanzkurven	6
c) Beschreiben der Resonanzkurven Versuch 1	2
Beschreiben der Resonanzkurven Versuch 2	2
Für $\nu < \nu_r$ gilt $U_L < U_C$, bei Resonanz $U_L = U_C$; für $\nu > \nu_r$ gilt $U_L > U_C$.	4
Für $\nu < \nu_r$ gilt $I_L > I_C$. Für $\nu > \nu_r$ gilt $I_L < I_C$.	
Bei $\nu = \nu_r$ ist $I_L = I_C$.	4
Für $\nu = \nu_r$ gilt $U_L(\nu_r) \gg U_{eff}(\nu_r)$.	2
d) Formel $\nu_r = (2\pi\sqrt{L \cdot C})^{-1}$ aus $U_L = U_C$ entwickeln;	2
richtige Berechnung von $\nu_r = 563$ Hz.	2
Vergleich mit dem Meßwert für $\nu_r = 565$ Hz.	1
e) Herleitung der Formel $\nu_r = \frac{1}{2\pi}\sqrt{\frac{1}{L \cdot C} - \left(\frac{R_\Omega}{L}\right)^2}$ aus $\frac{1}{\mathfrak{z}} = \frac{1}{\mathfrak{R}'_L} + \frac{1}{\mathfrak{R}_C}$	6
$\mathfrak{R}'_L = R_\Omega + i\omega L$.	
Berechnung von $\nu_r = 562{,}3$ Hz.	3
Vergleich mit dem Meßwert von 570 Hz.	1
f) Berechnung von $R_{res} = 4{,}16\ \Omega$ beim Versuch 1.	1
Vergleich mit dem Wert für $R = 3{,}3\ \Omega$.	1
Herleitung der Formel für den Resonanzwiderstand	
aus $\lvert\mathfrak{z}_r\rvert = \frac{\lvert\mathfrak{z}'_L\rvert^2}{R_\Omega}$ $\lvert z'_L\rvert = \frac{L}{C}$.	3
Berechnung von $R_{res} = 1096\ \Omega$.	2
	45

ν/s^{-1}	100	200	300	400	450	500	550	565	600	650	700	800
U_L/V	0,3	0,9	2,2	5,2	10	20	70	100	58	25	18	13
U_C/V	8,2	8,3	9	12	17	27	72	100	50	16	9	4
I_{eff}/A	0,03	0,05	0,08	0,14	0,22	0,4	1,3	1,8	0,9	0,35	0,23	0,15

ν/s^{-1}	300	400	450	500	550	570	600	650	700	800	900	
I/mA	65	56	48	33	12	6	16	40	50	56	58	
I_L/mA	90	100	115	125	132	130	120	80	60	45	30	
I_C/mA	18	40	60	90	120	130	132	120	110	100	85	

Schwingungen einer Wassersäule

Die Aufgaben:

1. Beschreiben Sie den vorgeführten Versuch und notieren Sie die Meßergebnisse.

2. Beschreiben Sie die hier beobachteten Schwingungsformen (gedämpft, ungedämpft, Resonanz).

3. Zeigen Sie, daß die Schwingung harmonisch ist.

4. Ermitteln Sie aus der Schwingungsdauer $T = 2\pi\sqrt{m/D}$ eines Schraubenfederpendels die für diese Beobachtung zutreffende Schwingungsdauer $T = 2\pi\sqrt{l/2g}$ (Hinweis: m bezieht sich auf die Gesamtmasse des Schwingers).

5. Bestätigen Sie g aus der Bestimmung der Gesamtlänge l der Wassersäule und der Schwingungsdauer T. Worin liegt der größte Fehler?

6. Bestimmen Sie die potentielle Energie des Systems für eine Auslenkung $2y = 0{,}2$ m und die Geschwindigkeit der Wassersäule beim Durchgang durch die Gleichgewichtslage.

StR. Dr. *Christian Rühenbeck*
3406 Bovenden 1

Unterrichtsvoraussetzungen:

Schraubenfeder- und Pendelschwingung, Erscheinung der gedämpften bzw. ungedämpften Schwingung sowie der Resonanz phänomenologisch, Gewicht einer Wassersäule. Die Schwingungen einer Wassersäule sind unbekannt.

Vorführungen: Die Wassersäule eines etwa zur Hälfte mit angefärbtem Wasser gefüllten U-Rohres (KRÖNCKE) wird durch Anblasen über einen an einem Schenkel angeschlossenen Schlauch in Schwingungen versetzt: a) gedämpfte Schwingung bei einmaliger Anregung; b) ungedämpfte Schwingung bei phasengerechter gemäßigter Anregung; c) Resonanz bei starker Anregung.

Bearbeitungsdauer: 90 Minuten.

Zahl der Bewertungseinheiten, Lernzielniveau: Aufgabe 1: 8, Niveau I; Aufgabe 2: 7, Niveau I; Aufgabe 3: 5, Niveau I + II; Aufgabe 4: 7, Niveau III; Aufgabe 5: 8, Niveau II; Aufgabe 6: 7, Niveau II + III.

Gesamtzahl der Bewertungseinheiten: 42.

Meßergebnisse: $2r = 2{,}65$ cm; Volumen V des Wassers: 0,335 l; $T = 1{,}08$ s.

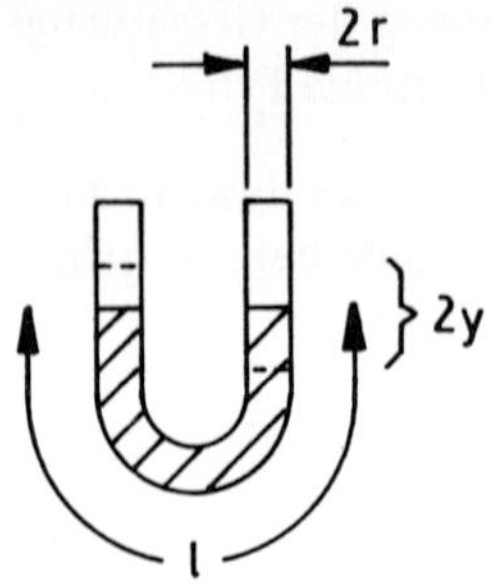

Abb. 1

Formelsammlung: $\rho = m/V$; $A = r^2\pi$; $V = Al$; $y(t) = y_{\max}\sin(2\pi t/T)$; $F = Dy$; $F = ma$; $g = 9{,}81\ \mathrm{m/s^2}$. Für die Rechnungen stehen Taschenrechner zur Verfügung.

Anmerkungen: Diese Grundkursklausur wird sinnvollerweise im 1. oder 2. Hauptsemester geschrieben; die angegebenen Lernzielniveaus beziehen sich auf den bis dahin erlangten Stand von Kenntnissen und Fähigkeiten. Das Ergebnis in einem Grundkurs des 2. Hauptsemesters war: 25 % mehr als 32 BE (d.h. 10 Punkte und besser); 50 % zwischen 18 und 31 BE (d.h. 4 Punkte und besser; 25 % darunter.

Die Aufgabenstellung läßt sich zur Leistungskursklausur von 200 Minuten Dauer erweitern, wenn a) die Formelsammlung und der Hinweis in Teil 4. nicht gegeben sind; b) die Schwingungsdauerformel in Teil 4. auch durch Lösung der zugehörigen Differentialgleichung zu bestimmen ist; c) die Fehlerbetrachtung in Teil 5. ausführlich durchzuführen ist; d) auch eine formale Beschreibung in Teil 2. gefordert wird; und e) der Fall der Schwingung einer Wassersäule im geneigten U-Rohr ebenfalls zu behandeln ist (Abhängigkeit der Schwingungsdauer vom Neigungswinkel).

Dr. *Chr. Rühenbeck,* Bovenden

Freie gedämpfte elektromagnetische Schwingungen

Die Aufgaben:

1. Beschreiben Sie die Versuchsanordnung und den Versuchsablauf. Begründen Sie die Dämpfung der freien Schwingung.

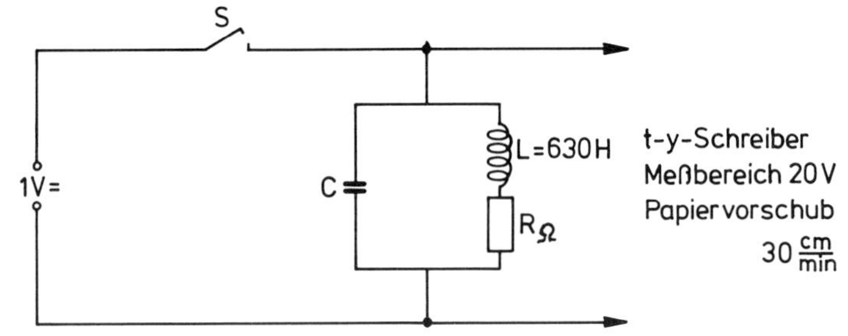

Abb. 1: Versuchsaufbau

2. Bestimmen Sie aus den registrierten Kurven Abb. 2 und Abb. 3 die Eigenfrequenzen f_0 der Schwingkreise.

   Berechnen Sie die Eigenfrequenzen aus den gegebenen Schaltungsdaten nach der *Thomson*schen Schwingungsformel und vergleichen Sie mit den gemessenen Werten.

3. Welche Größe wird von dem schreibenden Meßgerät registriert? Der Schwingkreis wird bei geschlossenem Schalter S an die Gleichspannung 1 V gelegt; begründen Sie die große erste Amplitude zur entgegengesetzten Seite nach dem Öffnen des Schalters S.

4. Weisen Sie nach, daß die Amplituden der Schwingungskurve exponentiell abnehmen:

   $A_i(t) = A_0 \cdot e^{-kt}$.

   Bestimmen Sie den Dämpfungsfaktor k für die 4 Schwingungskurven (Abb. 2 und Abb. 3).

   Wie hängt der Dämpfungsfaktor k ab vom ohmschen Widerstand R_Ω und von der Kapazität C?

5. Nach Abschalten der äußeren Spannung ist der Schwingkreis sich selbst überlassen: er führt freie Schwingungen aus. Die Summe der Teilspannungen an den drei Schaltelementen (Kondensator, Spule und ohmscher Widerstand) ist zu jedem Zeitpunkt gleich Null.

   Stellen Sie die zugehörige Differentialgleichung auf und lösen Sie sie.

StD. *Walter Südbeck*
4590 Cloppenburg

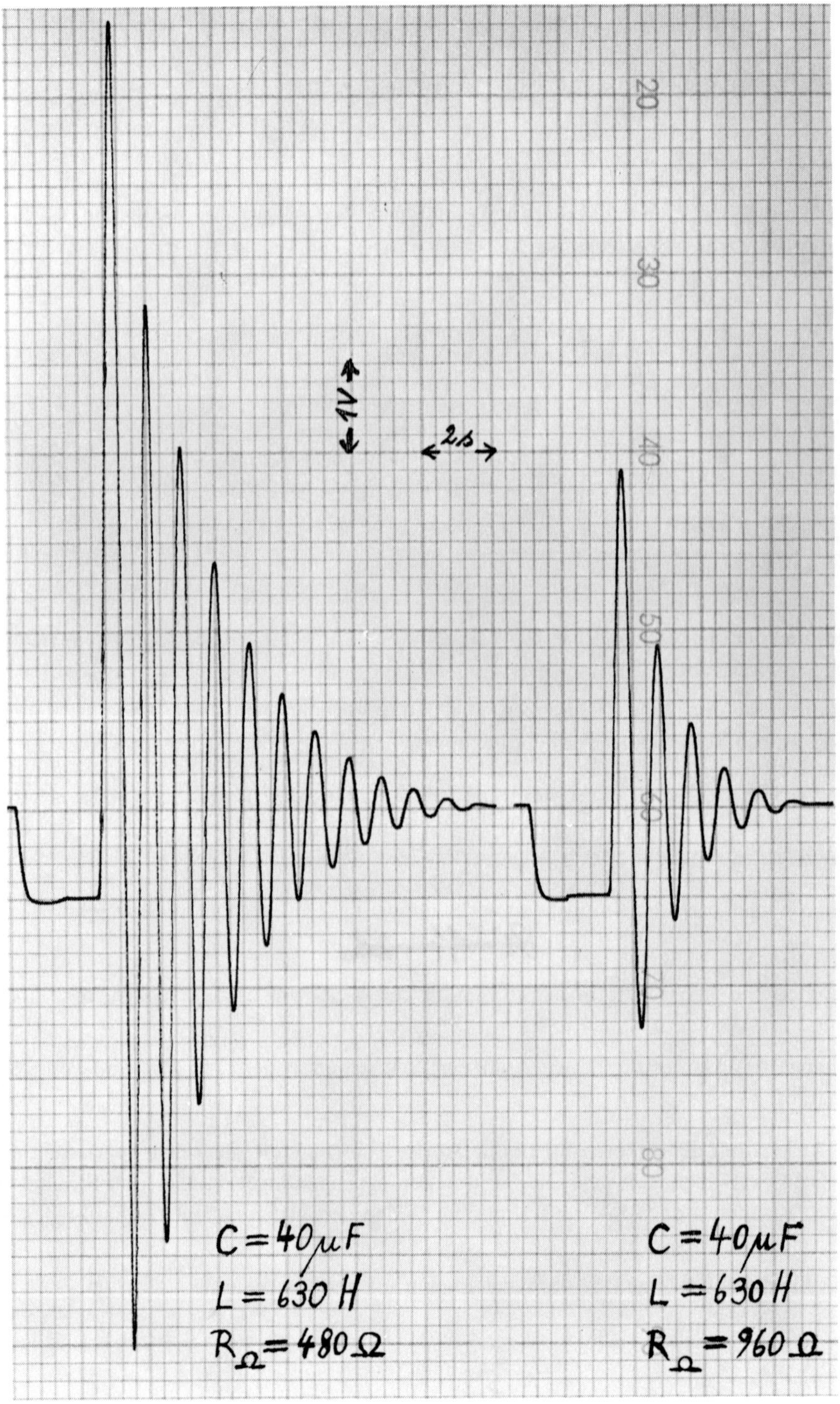

Abb. 2: Schwingung mit $C = 40\ \mu F$, $L = 630$ H und ohmschem Widerstand $R_\Omega = 480\ \Omega$ bzw. $= 960\ \Omega$

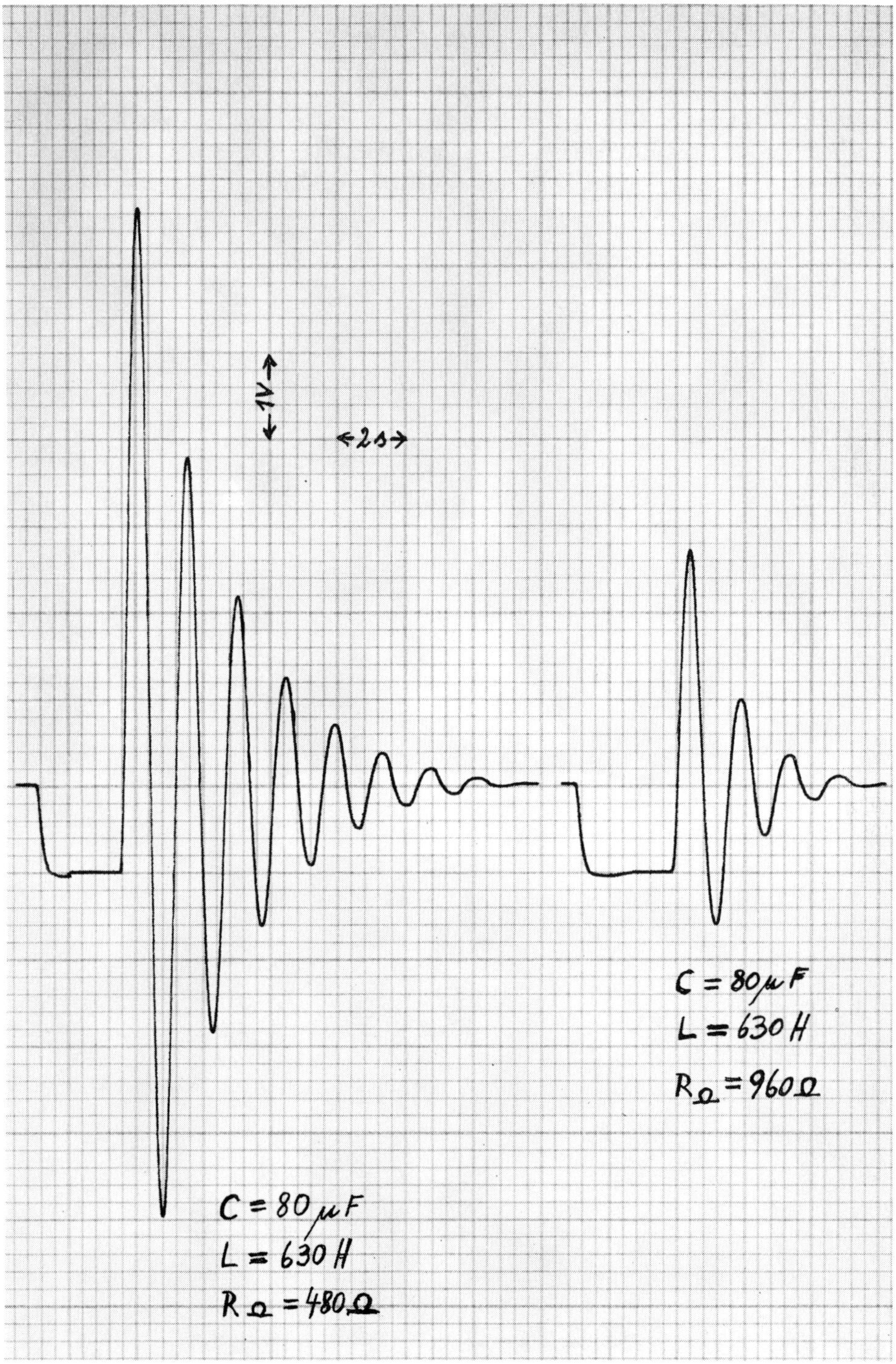

Abb. 3: Schwingung mit $C = 80\ \mu F$, $L = 630\ H$, $R_{\Omega} = 480\ \Omega$

StD. *Walter Südbeck*
4590 Cloppenburg

Ermitteln Sie die Bestimmungsgleichungen für den Dämpfungsfaktor k und die Eigenfrequenz f_0 in Abhängigkeit von L, C, und R_Ω. Vergleichen Sie die berechneten Werte für k und f_0 mit den gemessenen.

6. Wenn der Schwingkreis Schwingungen mit gleichbleibender Amplitude ausführen soll, muß ihm im richtigen Rhythmus in geeigneten Momenten von außen Energie zugeführt werden, um den Verlust jeweils auszugleichen. Beschreiben Sie eine praktische Möglichkeit.

Die Lösungen und ein Bewertungsvorschlag:

Rohpunkte

Zu 1. Versuchsanordnung 1
Versuchsablauf 1
Energiesatz 3

Zu 2. Für $C = 40\,\mu F$ wird gemessen $f_0 = 1{,}04$ Hz 2
für $C = 80\,\mu F$ wird gemessen $f_0 = 0{,}69$ Hz 2

$$f_0 = \frac{1}{2\pi\sqrt{LC}} = 1{,}00 \text{ Hz für } C = 40\,\mu F$$ 1

$$f_0 = \frac{1}{2\pi\sqrt{LC}} = 0{,}71 \text{ Hz für } C = 80\,\mu F$$ 1

Zu 3. Registriert wird die Spannung U_c am Kondensator 3
Beim Öffnen des Schalters S verfügt der Kreis über die elektrische Energie des Kondensators u n d die magnetische Energie der Spule; bei der verwendeten Versuchsanordnung ist der magnetische Anteil wesentlich größer als der elektrische, solange der Schalter S noch geschlossen ist 4

Zu 4. Die Meßreihe für $C = 40\,\mu F$, $R_\Omega = 480\,\Omega$:

i	1	2	3	4	5	6	7	
A_i/V	8,85	5,65	4,1	2,8	1,9	1,3	0,85	
$\frac{A_{i+1}}{A_i}$	0,64	0,73	0,68	0,68	0,68	0,65	Mittel: 0,68	1

$$k \cdot T = \ln \frac{A_{i+1}}{A_i}, \qquad T = 0{,}95 \text{ s}; \qquad k = 0{,}40 \text{ s}^{-1}$$ 1

Die Meßreihe für $C = 40\,\mu F$, $R_\Omega = 960\,\Omega$:

i	1	2	3	4	5	
A_i/V	3,8	1,95	0,95	0,45	0,2	
$\frac{A_{i+1}}{A_i}$	0,51	0,49	0,47	0,44	Mittel: 0,48	1

$T = 0{,}95$ s; $k = 0{,}76 \text{ s}^{-1}$ 1

StD. *Walter Südbeck*
4590 Cloppenburg

Rohpunkte

Die Meßreihe für $C = 80\,\mu F$, $R_\Omega = 480\,\Omega$:

i	1	2	3	4	5	6	
A_i/V	6,7	3,8	2,2	1,25	0,7	0,4	
$\frac{A_{i+1}}{A_i}$	0,57	0,58	0,57	0,56	0,57	Mittel: 0,57	1

$T = 1{,}44$ s; $k = 0{,}39\ s^{-1}$ 1

Die Meßreihe für $C = 80\,\mu F$, $R_\Omega = 960\,\Omega$:

i	1	2	3	4	
A_i/V	2,75	1,0	0,35	0,1	
$\frac{A_{i+1}}{A_i}$	0,36	0,35	0,29	Mittel: 0,33	1

$T = 1{,}44$ s; $k = 0{,}76\ s^{-1}$ 1

Der Dämpfungsfaktor k ist von der Kapazität C unabhängig, aber pro- 2
portional zu R_Ω 2

Zu 5. Die Differentialgleichung: $L\dot{J} + \frac{1}{C}Q + R \cdot J = 0$ 2

$$L\ddot{Q} + \frac{1}{C}Q + R \cdot \dot{Q} = 0$$ 2

Lösungsansatz: $Q(t) = Q_i \cdot e^{-kt} \cdot \sin(\omega t + \alpha)$ 2

Die Koeffizienten von sinus sowie von cosinus müssen für jede Zeit t gleich Null sein 2

$$k = \frac{R}{2L}$$ 1

$$f_0 = \frac{1}{2\pi} \cdot \sqrt{\frac{1}{LC} - k^2}$$ 1

Vergleich der gemessenen Werte mit der Rechnung 2

Zu 6. Abschätzen des geeigneten Zeitmoments für die Energiezufuhr 4
als Beispiel etwa die *Meißner*-Schaltung
oder die *Hartley*-(=Dreipunkt-)Schaltung 4

50

StD. *Walter Südbeck*
4590 Cloppenburg

Zur Versuchsdurchführung:

Verwendet wurde die Spule mit 10200 Windungen auf geschlossenem Eisenkern (630 H) der Firma LEYBOLD-HERAEUS. Mit dem t-y-Schreiber lassen sich für jeden Schüler zur Auswertung die 4 Schwingungskurven herstellen. Die Daten der Schaltelemente müssen von Fall zu Fall angegeben werden.

Unterrichtsvoraussetzungen:

Wechselstromkreis, *Thomson*sche Schwingungsformel, Differentialgleichung der ungedämpften Schwingung an einem Beispiel, Exponentialfunktion, Anwendung eines t-y-Schreibers.

Bewertungsschlüssel:

Rohpunkte	10	11–13	14–16	17–20	21/22	23/25	26/27	28/29	30/32	33/34
Punkte	0	1	2	3	4	5	6	7	8	9
Note	6	5			4			3		

Rohpunkte	35/36	37/39	40/41	42/44	45/47	48/50
Punkte	10	11	12	13	14	15
Note	2			1		

W. Südbeck, Cloppenburg

OStR. *Kurt Hintze*
2148 Zeven

Schwebungen mit Hilfe von gekoppelten Schwingungen

Die Aufgaben:

In einem Vorversuch werden die Massen der beiden mathematischen Pendel sowie ihre Längen bestimmt. $m_1 = m_2 = m = 0{,}066$ kg, $l = 0{,}655$ m.

In dem Hauptversuch erfolgt die Bestimmung der Dauer T_0 der Eigenschwingung der beiden Pendel, der Schwingungsdauern T_1 und T_2 der Fundamentalschwingungen, die Dauer der Schwebungsschwingung sowie die Schwebungsdauer T_s.

Die Weg-Zeit-Gleichungen für die Bewegung gekoppelter Pendel heißen:

$$s_1 = s_m \cdot \cos\frac{\omega_2 - \omega_1}{2} \cdot t \cdot \cos\frac{\omega_1 + \omega_2}{2} \cdot t;\; s_2 = s_m \cdot \sin\frac{\omega_2 - \omega_1}{2} \cdot t \cdot \sin\frac{\omega_1 + \omega_2}{2} \cdot t.$$

a) Beschreiben Sie den Versuchsverlauf, die Versuchsdurchführung und erläutern Sie insbesondere den Vorgang der Schwebung.

b) Erläutern Sie die angeführten Weg-Zeit-Funktionen und skizzieren Sie deren Graphen in zwei t-s-Koordinatensystemen.

c) Bestimmen Sie aus dem Vorversuch die Richtgröße D_0 des mathematischen Pendels.

d) Stellen Sie die Formeln auf für die auf jede der beiden gekoppelten Massen rücktreibenden Kräfte F_1 und F_2 und leiten Sie daraus die Formeln für die Winkelgeschwindigkeiten bzw. Frequenzen der beiden Fundamentalschwingungen ν_1, ν_2, für die Schwebungsfrequenz ν_s und für die Frequenz ν_3 der Schwebungsschwingung her.

e) Bestimmen Sie auf 2 verschiedenen Arten die Frequenz ν_1 der 1. Fundamentalschwingung und berechnen Sie die in den Versuchen wirksame Richtgröße D der Kopplungsfeder.

f) Bestätigen Sie mit Hilfe der gemessenen Werte der verschiedenen Schwingungsdauern die Formeln für die Frequenzen ν_3 und ν_s.

g) Diskutieren Sie die Fehlerquellen der durchgeführten Versuche.
Meßdaten: $5\,T_0 = 7{,}5$ s, $5\,T_1 = 7{,}5$ s, $5\,T_2 = 6$ s, $5\,T_3 = 6{,}5$ s, $5\,T_s = 56$ s, $g = 9{,}81\ \text{ms}^{-2}$.

L ö s u n g e n und B e w e r t u n g s v o r s c h l a g :

a) Der Versuchsaufbau wird mit Hilfe einer Zeichnung erklärt. Die Schwebung wird erklärt als Überlagerung von 2 Schwingungen mit Frequenzen, die sich nur wenig voneinander unterscheiden, und deren Amplituden sich periodisch zwischen 0 und s_m ändern. 7

b) Erläuterung der in den Funktionsgleichungen vorhandenen Symbole und Skizzieren ihrer Graphen. 6

c) Berechnung von D_0 nach $D_0 = \frac{m \cdot g}{l} = 0{,}988 \frac{\text{N}}{\text{m}}$ 2

d) Aus $F_1 = -D_0 \cdot s_1 - D\,(s_1 - s_2)$ (D Richtgröße der Kopplungsfeder) und $F_2 = -D_0 \cdot s_2 - D\,(s_2 - s_1)$ gilt bei phasengleichen Schwingungen $s_1 = s_2 \Rightarrow F_1 = F_2 = -D_0 s$. Für um 180° phasenverschobene Schwingungen gilt $s_2 = -s_1 \Rightarrow$
$F_1 = -(D_0 + 2D)\,s_1 \Rightarrow \omega_1 = \sqrt{\frac{D_0}{m}} = \omega_0;\ \omega_2 = \sqrt{\frac{D_0 + 2D}{m}} = \sqrt{\omega_1^2 + \frac{2D}{m}}$

Aus den Weg-Zeit-Funktionen folgt: $\nu_3 = \frac{\nu_1 + \nu_2}{2}$; $\nu_s = \frac{\nu_2 - \nu_1}{2}$. 11

e) Mit $\nu_1 = \frac{1}{2\pi}\sqrt{\frac{g}{l}}$ erhält man $\nu_1 = 0{,}62\ \text{s}^{-1}$, aus den gemessenen Werten für

$\nu_1 = 0{,}67\ \text{s}^{-1}$. Aus $\omega_2^2 = \omega_1^2 + \frac{2D}{m}$ ergibt sich $D = 0{,}31 \frac{\text{N}}{\text{m}}$. 10

f) Aus $T_3 = 1{,}3$ s erhält man $\nu_3 = 0{,}77\ \text{s}^{-1}$, nach $\nu_3 = \frac{\nu_1 + \nu_2}{2}$ bekommt man für $\nu_3 = 0{,}73\ \text{s}^{-1}$.

Aus $T_s = 11{,}2$ s ergibt sich $\nu_s = 0{,}089\ \text{s}^{-1}$. Aus $\nu_s = \frac{\nu_2 - \nu_1}{2}$ erhält man $\nu_s = 0{,}08\ \text{s}^{-1}$. 6

g) Diskussion der Fehlerquellen: Gewisse Unsicherheiten bei der Bestimmung von T_3 und T_s. 3

45

K. Hintze, Zeven

StR. Dr. *Christian Rühenbeck*
3406 Bovenden 1

Stehende Schallwellen

Unterrichtsvoraussetzungen: Mechanische Wellen; Ausbreitungsgeschwindigkeit und Interferenz; Stehende Wellen (Eigenschwingungen) auf Seilen, Gummischläuchen und/oder Schraubenfedern; Interferenz von Wasserwellen; Natur von Schallwellen.

Vorzuführender Versuch: Mit Hilfe eines Mikrophons, eines geeigneten Verstärkers und eines Oszilloskops wird das Schallfeld zwischen zwei einander gegenüberstehenden Lautsprechern untersucht. Die Lautsprecher werden aus einem Sinusgenerator mit variabler Tonfrequenz gespeist, die jeweilige Frequenz wird durch einen Zähler dauernd angezeigt.

Bearbeitungsdauer: 90 Minuten.

Die Aufgaben:	*Zahl der Bewertungseinheiten*
1. Beschreiben Sie den Versuchsaufbau und die vorgeführten Versuche; Notieren Sie die Meßergebnisse.	8
2. Beschreiben Sie die Natur einer Schallwelle sowie die Schallausbreitung von einem Erreger aus.	4
3. Geben Sie an, auf welche Weise sich zwischen den beiden Erregern ein stehendes Wellenfeld ausbildet.	5
4. Am Ort der Lautsprechermembran ist stets ein Wellenbauch. Welches sind die optimalen Bedingungen für die Ausbildung stehender Schallwellen in unserem Versuchsaufbau? Skizze!	4
5. Aus dem Abstand der Knoten und der angezeigten Erregerfrequenz kann die Schallgeschwindigkeit in der Luft ermittelt werden. Wie groß ist der Mittelwert unserer Messungen? Worin liegt der Hauptfehler?	8
6.* Skizzieren Sie das Interferenzfeld in der Umgebung der beiden Erreger maßstäblich genau für eine Erregerfrequenz von 3 kHz und einen Abstand der Lautsprecher von 0,38 m.	6
Summe der Bewertungseinheiten:	35

Anmerkung: Die Umgebung kann, wenn einige schallharte Flächen in geringer Entfernung vorhanden sind, durchaus stören. Bei geeignetem Aufbau ist die Untersuchung des Schallfeldes mit Hilfe von Mikrophon, Verstärker und Oszilloskop jedoch so empfindlich, daß die unterschiedliche Entfernung des Mikrophons von den Erregern sich durch eine entsprechende Phasenverschiebung der interferierenden Wellen bemerkbar macht. In einem solchen Fall läßt sich die Schallgeschwindigkeit in der Luft auf eine zweite, genauere Weise bestimmen. Dann kann diese Klausur auch zur Leistungskursklausur erweitert werden.

Dr. *Chr. Rühenbeck,* Bovenden

StD. Dr. *Ernst Herrmann*
5200 Siegburg

Der D o p p l e r -Effekt

U n t e r r i c h t l i c h e V o r a u s s e t z u n g e n :

1. Kenntnis des *Doppler*-Effekts für Wasser- und Schallwellen. 2. Kenntnis der Gleichungen für die beobachtete Frequenz $f' = f\left(1 \mp \frac{v_s}{c}\right)^{-1}$ (bewegter Erreger, ruhender Beobachter und $f' = f\left(1 \pm \frac{v_B}{c}\right)$ (ruhender Erreger, bewegter Beobachter). 3. Die Schwebung als Überlagerung zweier Sinusschwingungen unterschiedlicher Frequenz und gleicher Amplitude. 4. Experimenteller Nachweis einer Schwebung, wenn eine Schallquelle S, die einen Ton der Frequenz f aussendet, auf eine ruhende Wand hinbewegt wird. Die Bewe-

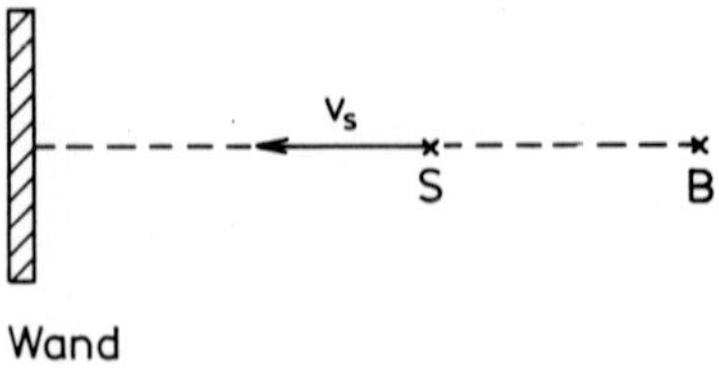

Abb. 1

gung von S erfolgt mit der Geschwindigkeit v_s senkrecht zur Wand. Der Beobachter befindet sich auf der Senkrechten hinter S in Ruhe. Bei B treffen 2 Wellen ein. Eine kommt direkt von S aus mit der Frequenz $f_1' = f\left(1 + \frac{v_s}{c}\right)^{-1}$ bei B an. Die ruhende Wand empfängt eine Welle der Frequenz $f_2' = f\left(1 - \frac{v_s}{c}\right)^{-1}$, die sie dann als ruhender Erreger in Richtung B reflektiert. B hört eine Schwebung der Schwebungsfrequenz

$$\Delta f = f_2' - f_1' = \frac{2\,c\,f\,v_s}{c^2 - v_s^2}\,.$$

Für $v_s \ll c$ gilt $\Delta f \approx \frac{2\,f\,v_s}{c}$. 4. ist eine wichtige Vorbereitung für die Aufgabenstellung.

Lehrerversuch mit unbekannter Apparatur (siehe Abb. 3): Teilbündel I eines Laserstrahls, der von A kommt, wird am Strahlungsteiler T reflektiert und fällt auf eine Fotodiode D. Ein Teilbündel II geht durch T hindurch und trifft auf den Spiegel S, der mit der Geschwindigkeit v_{sp} in Richtung A verschoben wird. II wird an S reflektiert und fällt teilweise über T auf die Öffnung des Lasers A zurück. Dort erfolgt eine nochmalige Reflexion und ein Teil von II fällt schließlich über T ebenfalls auf D. In D treffen also zwei Lichtbündel ATD und ATSTATD ein, die wegen der Bewegung des Spiegels mit der Geschwindigkeit v_{sp} unterschiedliche Frequenz besitzen. Durch Überlagerung der beiden Sinusschwingungen am Ort D tritt eine Schwebung auf, die über einen Verstärker mit Lautsprecher als Ton hörbar wird. Die Schwebungsfrequenz ist gleich der Tonfrequenz. Bei der Vorführung des Versuchs muß der Strahlengang der Teilbündel demonstriert werden. Dabei ist auch zu zeigen, daß die Vorderseite des Lasers A als Reflektor benutzt wird und daß der Versuch nur bei sehr kleinem v_{sp} gelingt. (Literatur zum Versuch: *Kreß/Lhotzky:* Nachweis des *Doppler*effektes für Lichtwellen; Praxis der Naturwissenschaften, 1971, S. 253).

Die Aufgaben:

a) Eine ruhende Schallquelle S sendet einen Ton der Frequenz f aus. Eine Wand bewegt sich mit der Geschwindigkeit v_{sp} auf einen ruhenden Beobachter B zu. Dieser befindet sich auf der Senkrechten zur Wand, die durch S führt. Begründen Sie, daß in B zwei Wellen mit den Frequenzen f und

$$f' = f\frac{1+\frac{v_{sp}}{c}}{1-\frac{v_{sp}}{c}}$$ eintreffen (siehe Abb. 2).

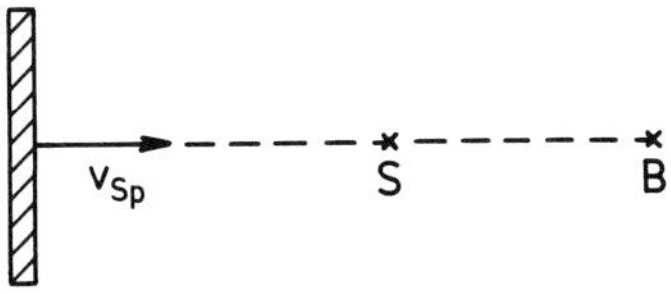

Abb. 2

b) Was hört der Beobachter B, wenn $c = 340$ m/s, $f = 1000$ Hz und $v_{sp} = 17$ m/s betragen und die Amplituden der bei ihm eintreffenden Wellen gleich sind?

c) Geben Sie nun anhand von Abbildung 3 eine Beschreibung des Versuchs.

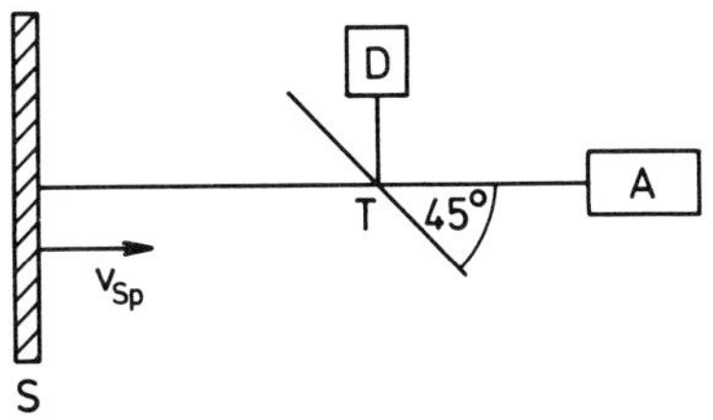

A = Laser
D = Fotodiode mit Verstärker und Lautsprecher
S = verschiebbarer Spiegel
T = Strahlungsteiler

Abb. 3

d) Wie kommt der im Lautsprecher hörbare Ton zustande?

e) Zeigen Sie, daß für die Tonfrequenz f'' in Abhängigkeit von der Laserfrequenz f und der Geschwindigkeit v_{sp} die Gleichung gilt:

$$f'' = \frac{2 \cdot f \cdot v_{sp}}{c - v_{sp}} .$$

StD. Dr. *Ernst Herrmann*
5200 Siegburg

f) Wenn $v_{sp} \ll c$, läßt sich die Gleichung in e) durch eine Näherung ersetzen. Wie lautet diese?

g) Warum gelingt der Versuch nur, wenn v_{sp} gegenüber c sehr klein ist? Die Laserfrequenz beträgt $f = 4{,}74 \cdot 10^{14}$ Hz.

h) $v_{sp} = 0{,}005$ m/s. Wie groß ist die im Lautsprecher hörbare Tonfrequenz?

i) Das Experiment kann als Modellversuch für die Geschwindigkeitsmessung bei Radarkontrollen dienen. Die Wellenlänge der verwendeten elektromagnetischen Strahlung beträgt $\lambda = 3$ cm. Die gemessene Tonfrequenz sei 2000 Hz. Wie groß ist die Geschwindigkeit des kontrollierten Fahrzeugs?

j) In Aufgabe a) soll nicht nur die Wand sondern auch die Schallquelle S bewegt werden. S möge sich mit der Geschwindigkeit v_s nach links auf die Wand hinbewegen. Wie groß sind die Frequenzen der beiden bei B eintreffenden Wellen?

k) Zwei harmonische Schwingungen mit den Frequenzen $f_1 = 12$ Hz und $f_2 = 9$ Hz und der gleichen Amplitude $r = 2$ cm überlagern sich. Wie lautet die Gleichung für die Resultierende? Konstruieren Sie die Überlagerung auf Millimeterpapier. Wählen Sie auf der Zeit-Achse 12 cm für eine Sekunde.

Die Lösungen:

Zu a). In B trifft eine direkt von S kommende Welle der Frequenz f ein. Außerdem gelangt von S aus eine Welle an die bewegte Wand, die dort mit der Frequenz $f_1' = f\left(1 + \frac{v_{sp}}{c}\right)$ ankommt, da die Wand mit der Rolle eines bewegten Beobachters verglichen werden kann. Die Welle wird reflektiert und trifft in B mit der Frequenz

$$f' = \frac{f_1'}{1 - \frac{v_{sp}}{c}} = \frac{f \cdot \left(1 + \frac{v_{sp}}{c}\right)}{1 - \frac{v_{sp}}{c}}$$

ein, weil die Wand nunmehr als bewegter Erreger anzusehen ist.

Zu b). $f = 1000$ Hz und $f' = 1000\,\frac{21}{19}$ Hz. Durch Überlagerung zweier Sinusschwingungen am Ort B entsteht eine Schwebung der Frequenz $\Delta f = f' - f = 1000 \cdot \frac{2}{19}$ Hz = 105 Hz.

Zu c) und d). In D treffen zwei Wellen ein, die die Wege ATD bzw. ATSTATD zurückgelegt haben. Die erste Welle hat die Laserfrequenz f. Die zweite Welle hat wegen der Bewegung des Spiegels die höhere Frequenz

$$f' = \frac{f\left(1 + \frac{v_{sp}}{c}\right)}{1 - \frac{v_{sp}}{c}}$$

Hier ist ein Vergleich mit Teil a) angebracht. Am Ort D entsteht eine Schwebung, die wegen der Stromstärkeschwankungen in der Diode im Lautsprecher als Ton hörbar wird.

Zu e). Aus d) folgt $f' = f\,\frac{c + v_{sp}}{c - v_{sp}}$. $f'' = f' - f = f\,\frac{2 \cdot v_{sp}}{c - v_{sp}}$ ist die Schwebungsfrequenz, die gleich der Tonfrequenz ist.

Zu f). Für $v_{sp} \ll c$ folgt näherungsweise $f'' \approx \frac{2 \cdot f \cdot v_{sp}}{c}$.

Zu g). Der Versuch gelingt nur, wenn f'' im Hörbarkeitsbereich liegt, d. h. f'' muß etwa von der Größe 10^2 Hz–10^4 Hz sein. Da $\frac{2f}{c}$ etwa von der Größe $3 \cdot 10^6\ \text{m}^{-1}$ ist,

 StD. Dr. *Ernst Herrmann*
5200 Siegburg

muß v_{sp} entsprechend klein sein. v_{sp} darf nur einige Millimeter pro Sekunde betragen.

Zu h). $f'' = \frac{2 \cdot 4{,}74 \cdot 10^{14} \cdot 5 \cdot 10^{-3}}{3 \cdot 10^8}$ Hz $= 1{,}58 \cdot 10^4$ Hz (oberer Hörbarkeitsbereich).

Zu i). Aus $2000\ \text{Hz} = \frac{2 \cdot v_{sp}}{0{,}03\ \text{m}}$ folgt $v_{sp} = 30\ \text{m/s} = 108\ \text{km/h}$.

Zu j). In B trifft die direkt von der bewegten Schallquelle S ausgehende Welle der Frequenz $f_1' = f\left(1 + \frac{v_s}{c}\right)^{-1}$ ein. Außerdem empfängt B die von der Wand reflektierte Welle, die bei ihm mit der Frequenz $f_2' = f'\left(1 - \frac{v_{sp}}{c}\right)^{-1}$ ankommt. f' ist die von der Wand gesendete Frequenz.
Die Wand ist bewegte Schallquelle, die sich auf B zubewegt. Da die Wand mit einem bewegten Beobachter zu vergleichen ist, empfängt sie von S die Frequenz $f' = f''\left(1 + \frac{v_{sp}}{c}\right)$. Da S bewegt ist, muß f'' durch $f'' = f\left(1 - \frac{v_s}{c}\right)^{-1}$ ersetzt werden. Faßt man zusammen, so ergibt sich

$$f_2' = \frac{f'}{1 - \frac{v_{sp}}{c}} = \frac{f''\left(1 + \frac{v_{sp}}{c}\right)}{1 - \frac{v_{sp}}{c}} = \frac{f\left(1 + \frac{v_{sp}}{c}\right)}{\left(1 - \frac{v_s}{c}\right)\left(1 - \frac{v_{sp}}{c}\right)}.$$

Zu k). Die Gleichung für die Resultierende ist:

$$y = y_1 + y_2 = 2\ \text{cm} \sin\left(24\,\pi \frac{t}{s}\right) + 2\ \text{cm} \sin\left(18\,\pi \frac{t}{s}\right)$$

$$= 4\ \text{cm} \sin\left(21\,\pi \frac{t}{s}\right) \cos\left(3\,\pi \frac{t}{s}\right).$$

Bewertungsvorschlag:

Aufgabe:	a)	b)	c)	d)	e)	f)	g)	h)	i)	j)	k)	
Rohpunkte:	8	2	4	4	4	4	4	2	2	12	6	= 52

Bewertungsschlüssel:

Rohpunkte:	52–50	49–47	46–45	44–42	41–39	38–37	36–34	33–31	30–29
Punkte	15	14	13	12	10	10	9	8	7
Note		1			2			3	
Rohpunkte:	28–27	26–24	23-22	21–19	18–15	14–11	10		
Punkte	6	5	4	3	2	1	0		
Note		4			5		6		

StD. *Hans Baumbach*
4130 Moers 1

Beugung am Spalt, wobei sich die Wellen in Wasser ausbreiten

Die Aufgaben:

1. Es ist aus der Theorie über die Beugung einer monochromatischen Welle durch einen Spalt der Breite b die Wellenlänge λ aus der Länge des Lichtweges l und dem Abstand a, den die Beugungsminima erster Ordnung bilden, zu bestimmen.

2. Der Versuch wird unter Verwendung von Wasser als Medium, in dem sich die gebeugten Wellen ausbreiten, wiederholt. Spaltbreite und Länge des Lichtweges werden beibehalten. Deuten Sie die Verschiebung der Beugungsstreifen!

3. Sind a_L die Breite des Hauptmaximums in Luft als Ausbreitungsmedium und a_W die Breite bei Ausbreitung in Wasser, so liefert die genaue Messung $a_W = \frac{3}{4} a_L$. Berechnen Sie die Wellenlänge des Lichtes in Wasser!

4. Welche Hypothese der Wellentheorie bestätigt das Versuchsergebnis?

Bemerkung zur *Versuchsdurchführung:*

Es ist zwischen Spalt und Beobachtungsschirm eine Küvette von mindestens 30 cm Länge zu stellen. Die Höhe des Wasserstandes ist so einzurichten, daß auf dem Schirm gleichzeitig die Ausbreitung in Luft und Wasser beobachtet werden kann. Als Lichtquelle wird ein Laser verwendet. Die Beobachtung des Effektes kann durch Verwendung eines Beugungsgitters anstelle des Spaltes und durch Verwendung einer organischen Flüssigkeit mit großem Brechungsindex (z. B. Benzoesäureamylester, n = 1,6) verbessert werden.

StD. *Hans Baumbach*
4130 Moers 1

Die Lösungen:

Punkte

1. Ist α der Beobachtungswinkel, unter dem das erste Minimum auf dem Schirm erscheint, so beträgt der Gangunterschied $g = b \sin\alpha = \lambda$. Aus der Geometrie der Anordnung folgt $\tan\alpha = \frac{a}{2l}$. Da für kleine Winkel die Näherung $\sin\alpha \approx \tan\alpha$ gilt, folgt insgesamt: $\lambda = \frac{ba}{2l}$ (x). 4

2. Beim Übergang in ein anderes Medium ändert sich mit der Ausbreitungsgeschindigkeit die Wellenlänge. Da b und l beibehalten worden sind, muß sich nach (x) auch a ändern. 4

3. Aus (x) ergibt sich $\lambda_L = \frac{ba_L}{2l}$ und $\lambda_W = \frac{ba_W}{2l}$, woraus $\lambda_W = \frac{a_W}{a_L}\lambda_L = \frac{3}{4}\lambda_L$ folgt. 3

4. Zwischen der Wellenlänge λ, der Frequenz f und der Ausbreitungsgeschwindigkeit v besteht der Zusammenhang $\lambda f = v$. Da sich die Frequenz beim Übergang in ein anderes Medium nicht ändert, ist $\lambda_L f = v_L$ und $\lambda_W f = v_W$, woraus $v_W = \frac{\lambda_W}{\lambda_L} v_L = \frac{3}{4} v_L$ folgt. Es wird bestätigt, daß sich Licht in einem anderen Medium als Luft mit geringerer Geschwindigkeit ausbreitet. 4

Die Summe der Punkte stimmt mit den in der reformierten Oberstufe maximal erreichbaren Punkten überein, woraus die Note in bekannter Weise folgt.

H. Baumbach, Moers

StD. *Hans Baumbach*
4130 Moers 1

Interferenz und Übertragung von Wellen

Die Aufgaben:

1. Die Schallquellen S_1 u. S_2, deren Entfernung $e = 41$ cm beträgt, senden einen Ton der Frequenz $f = 9$ KHz gleicher Lautstärke aus. Auf einer zur Verbindungsgeraden der Schallquellen parallelen Geraden im Abstand $a = 325$ cm wird mit einem Mikrofon die Lage der Minima bestimmt. Die beiden Minima 1. Ordnung haben die Entfernung $d = 29$ cm.

   a) Skizzieren Sie die Versuchsanordnung und berechnen Sie die Wellenlänge λ
      1. unter der Annahme, daß als Näherung für den Gangunterschied $g = e \sin \alpha$ (α ist der Winkel, unter dem das 1. Minimum vom Mittelpunkt der Strecke $S_1 S_2$ aus erscheint) verwendet werden kann,
      2. exakt aus den geometrischen Gegebenheiten!

   b) Beide Rechnungen ergeben für λ fast den gleichen Wert. Formulieren Sie die Bedingung für die Gültigkeit der in a.1) benutzten Näherung und führen Sie die Rechnung von a.2) unter Verwendung der dann auch anwendbaren Näherung für $\sqrt{1 + x} \approx 1 + \frac{x}{2}$ nochmals durch!

   c) Berechnen Sie die Ausbreitungsgeschwindigkeit der Schallwellen!

2. Zwei Sender S_1 u. S_2, deren Entfernung d beträgt, senden kohärente Wellen in Richtung der Geraden, auf der sie liegen, nach beiden Seiten aus, die Amplituden nehmen also mit der Entfernung nicht ab.

   a) Der Empfänger befindet sich in einem Punkt P, der außerhalb der Strecke $\overline{S_1 S_2}$ liegt.
      a.1) Welche Welle wird empfangen?
      a.2) Welche Extremfälle können auftreten und welche Bedingungen muß die Wellenlänge λ hierfür erfüllen?

   b) Welche Welle wird zwischen den Sendern beobachtet?

      c.1) Betrachten Sie die sich nach b) ergebenden Wellen für die Sonderfälle des Aufgabenteils a.2)!

      c.2) Charakterisieren Sie für die beiden Sonderfälle die Schwingungszustände an den Stellen S_1 und S_2!

      d.1) Skizzieren Sie für diese beiden Fälle die Amplitudenfunktion für n = 1 u. n = 2!

      d.2) Erklären Sie unter Verwendung der Ergebnisse von d.1) die Entstehung der nach a.2) möglichen Wellen!

StD. *Hans Baumbach*
4130 Moers 1

Die Lösungen und ein Bewertungsvorschlag:

Rohpunkte

1. a)

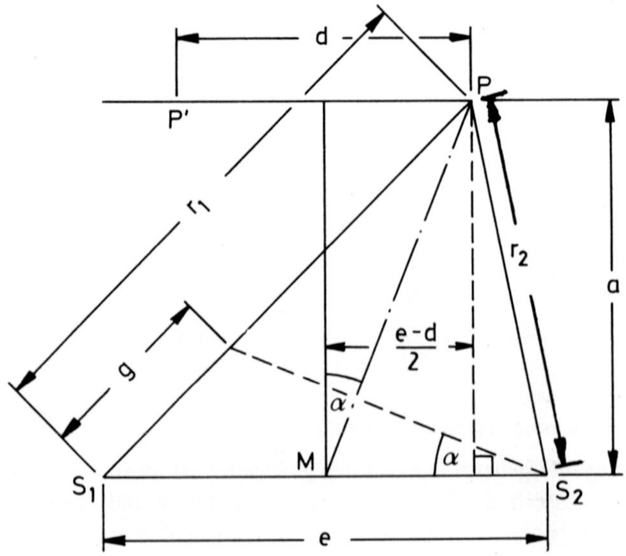

Abb. 1

1. Nach der Näherung $\sin\alpha \approx \tan\alpha = \frac{e-d}{2a}$ ist $\lambda = 2g = 2e \sin\alpha \approx \frac{ed}{a} =$ 1

$\frac{29 \cdot 41}{325} \doteq 3{,}66$ cm. 1

2. $r_{1,2} = \sqrt{a^2 + \left(\frac{e \pm d}{2}\right)^2}$, $g = r_1 - r_2 = a\left(\sqrt{1 + \left(\frac{e+d}{2}\right)^2} - \sqrt{1 + \left(\frac{e-d}{2}\right)^2}\right) = 325 \cdot (1{,}0058 - 1{,}0002) = 3{,}64$ cm 2

b) $\tan\alpha \approx \sin\alpha$, nach der Zeichnung muß $\frac{d}{2a} \approx \frac{d}{2\sqrt{a^2 + \frac{(e-d)^2}{2}}}$, also $a \approx \sqrt{a^2 + \left(\frac{e-d}{2}\right)^2}$ und damit $e - d \ll 2a$ sein. 2

Mit der Näherung für die Wurzel ergibt sich für $r_1 \approx a\left(1 + \frac{1}{2}\left(\frac{e+d}{2a}\right)^2\right)$ u. $r_2 \approx a\left(1 + \frac{1}{2}\left(\frac{e-d}{2a}\right)^2\right)$, woraus $g = r_1 - r_2 \approx a\,\frac{1}{2}\,\frac{4ed}{4a^2} = \frac{ed}{2a}$, also das Ergebnis von a.1) folgt. 2

c) v = f = 3,66 · 9000 cm = 329 m 1

2. a.1)

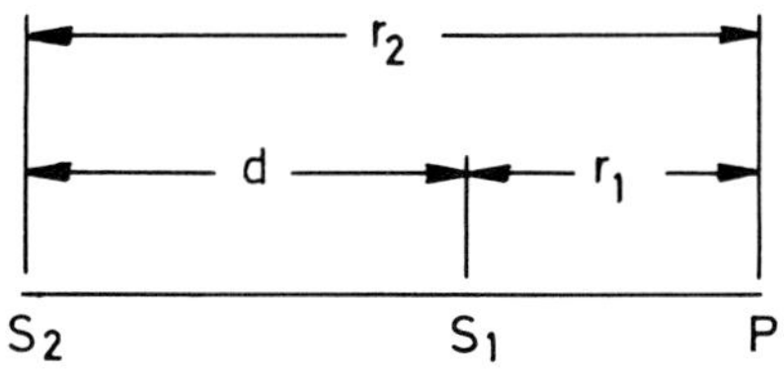

Abb. 2

Nach $\sin\alpha + \sin\beta = 2\cos\frac{\alpha-\beta}{2}\,\sin\frac{\alpha+\beta}{2}$ ergibt sich für die Überlagerung der Wellen $\psi_i = a\sin(\omega t - kr_i)$, i = 1,2 (x) $\psi = \psi_1 + \psi_2 = 2a\cos\frac{k}{2}(r_2 - r_1)\cdot\sin(\omega t - \frac{k}{2}(r_2 + r_1))$. Für die Wahl des Beobachtungspunktes ist $r_2 - r_1 = d$, so daß sich die Welle $\psi = A\sin(\omega t - kr_1 - \frac{kd}{2})$ mit der Amplitude $A = 2a\cos\frac{k}{2}d$ ausbildet. Das ist eine fortschreitende Welle. 4

a.2) 1. Fall: Das Amplitudenquadrat wird maximal, also

$\cos\frac{kd}{2} = \pm 1 : \frac{kd}{2} = n\,\pi : n\,\lambda = d$ mit n = 1, 2, . . .,

eine Welle mit maximaler Amplitude. 2

2. Fall: Das Amplitudenquadrat wird minimal, also $A = 2a\cos\frac{kd}{2} = 0 : \frac{kd}{2} = (n - \frac{1}{2})\,\lambda = d$. Es ist außerhalb von $\overline{S_1S_2}$ keine Welle vorhanden. 2

b)

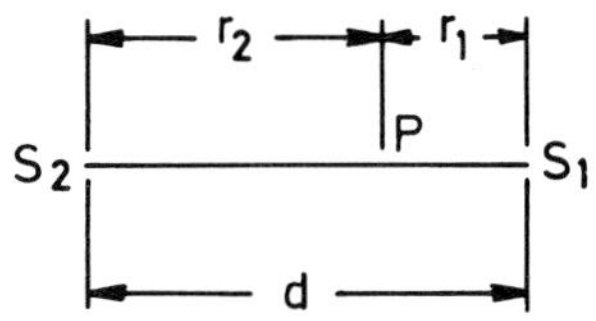

Abb. 3

Nach der Zeichnung ist jetzt $r_1 + r_2 = d$. (x) geht in $\psi = A\sin(\omega t - \frac{kd}{2})$ mit der Amplitude $A = 2a\cos(kr_2 - \frac{kd}{2})$ über, das ist eine stehende Welle. 2

c.1) 1. Fall: Wegen $kd = 2n\pi$ lautet die Amplitude der stehenden Welle $A = 2a\cos(kr_2 - n\pi) = \pm 2a\cos kr_2$.

StD. *Hans Baumbach*
4130 Moers 1

2. Fall: Analog: $A = 2a \cos\left(kr_2 - \frac{2n-1}{2}\pi\right) = \pm 2a \sin kr_2$. 2

c.2) 1. Fall: Wegen $\cos k0 = 1$ u. $\cos kd = \cos 2n\pi = 1$ bilden sich an den Rändern von $\overline{S_1S_2}$ Schwingungsbäuche.

2. Fall: Wegen $\sin k0 = \sin kd = \sin 2n\pi = 0$ sind an Rändern Schwingungsknoten. 1

d.1) 2

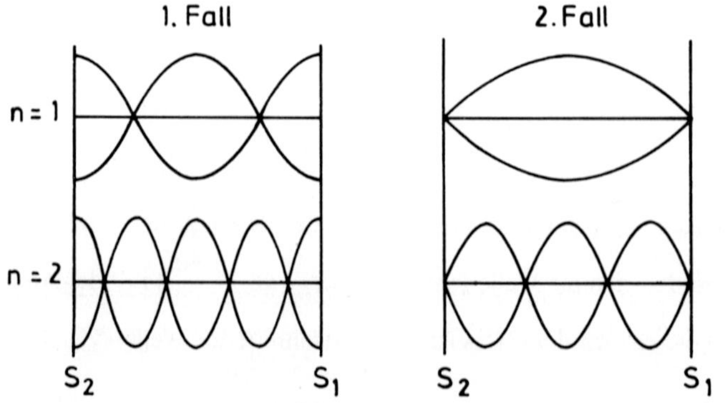

Abb. 4

d.2) 1. Fall: Ein Wellenberg, der von S_2 abgestrahlt ist, trifft in S_1 auf einen Wellenberg, den S_1 abstrahlt, beide Wellen sind phasengleich.

2. Fall: In S_1 sind die Wellen gegeneinander um $\frac{\lambda}{2}$ phasenverschoben, ein Wellenberg, der von S_2 abgestrahlten Welle trifft auf ein Wellental der von S_1 abgestrahlten Welle. 1

$\Sigma = 25$

B e w e r t u n g s s c h l ü s s e l :

Rohpunkte	25/24	23	22/21	20/19	18	17/16	15/14	13	12/11	10/9	8	7/6
Punkte	15	14	13	12	11	10	9	8	7	6	5	4
Note		1			2			3			4	

Rohpunkte	5/4	3	2/1	0
Punkte	3	2	1	0
Note		5		6

StD., *Karl Imkamp*
4047 Dormagen

Die Deutung der Ergebnisse eines Doppelspaltversuchs mit Licht auf der Grundlage des Wellenmodells

Die Aufgaben:

1. Beschreiben Sie den Versuch.

2. Erklären Sie das Auftreten der Hell-Dunkel-Streifen auf dem Schirm (siehe auch die Ablichtung).

3. Begründen Sie, daß für eine quantitative Untersuchung die aus dem Unterricht bekannte Gleichung für die Wellenlänge λ verwendet werden kann.

$$\lambda = \frac{g\,2x_n}{2n-1}\sqrt{\frac{1}{d^2+x_n^2}}$$

$n = 1, 2, 3, \ldots$
x_n Abstand des n-ten Dunkelstreifens von der Symmetrieachse des Hell-Dunkel-Streifensystems
g, d siehe die Figur auf der Ablichtung

Bemerkung: Die Gleichung soll nicht hergeleitet werden. Ihre Verwendung kann durch Bezug auf Unterrichtsversuche begründet werden. Dabei war $d^2 \gg g^2$.

4. Zeigen Sie, daß man hier statt mit der Gleichung aus 3. auch mit $\lambda = \frac{g\,2x_n}{(2n-1)d}$ arbeiten kann.

5. Berechnen Sie die Wellenlänge mit einem der Ablichtung zu entnehmenden Wertetripel (g, d, x_n) und schätzen Sie den Fehler ab.

6. Äußern Sie sich zu der Frage nach der Tragfähigkeit des Wellenmodells auf der Grundlage weiterer, die Ablichtung auswertenden Messungen und Berechnungen.

StD., *Karl Imkamp*
4047 Dormagen

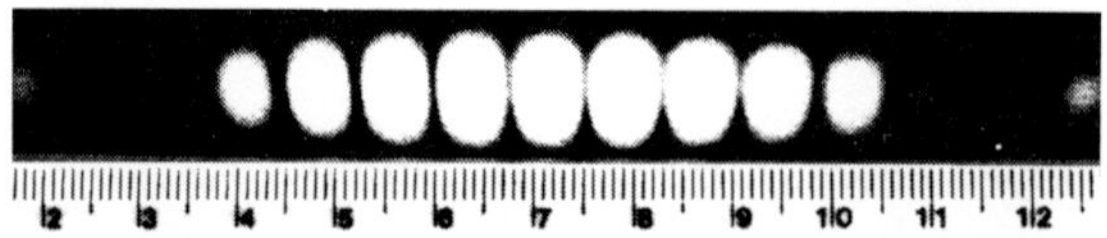

d=7,00 m

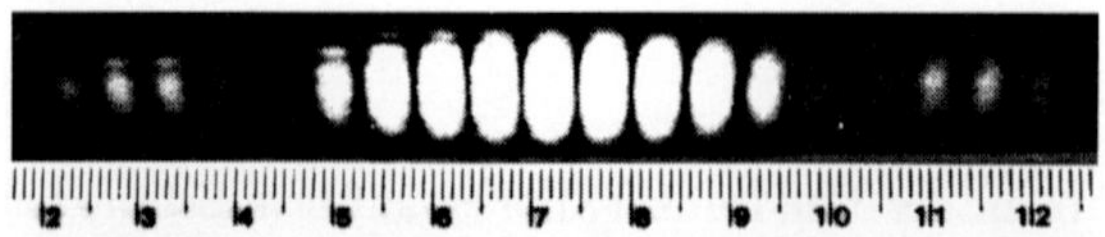

d=5,00 m

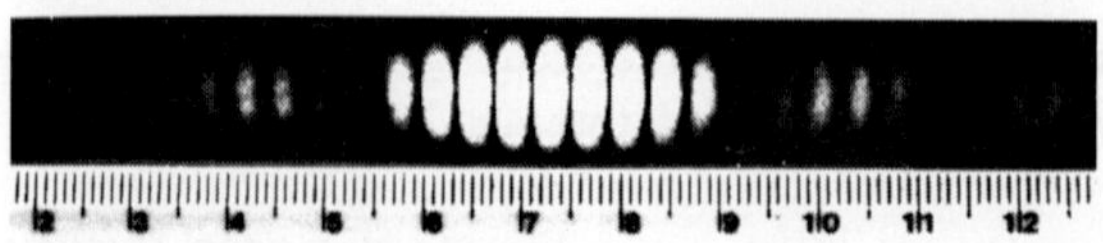

d=3,50 m

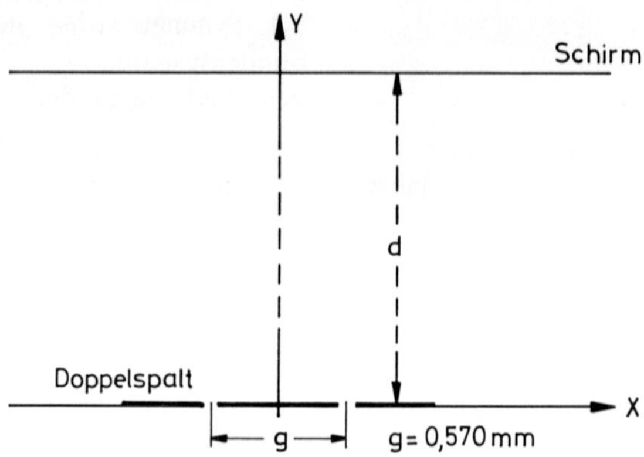

X_n auf dem mitfotografierten Maßstab messen !

StD., *Karl Imkamp*
4047 Dormagen

Die L ö s u n g e n und ein B e w e r t u n g s v o r s c h l a g:

Rohpunkte

Zu 1. Versuchsaufbau: Laser-Lampe, Doppelspalt, Schirm;

Aufspaltung des auf den Doppelspalt auftreffenden Lichtbündels in zwei Teilbündel;

Auf dem Schirm sieht man Hell-Dunkel-Streifen, die jeweils symmetrisch zu einer senkrechten Mittelachse sind. Die Abstände der Dunkelstreifen werden mit zunehmendem d größer. 5

Zu 2. Erklärung des Phänomens auf der Grundlage des Wellenmodells, d.h. hier die Erläuterung der Analogie des Versuchsaufbaus und des Effektes zu entsprechenden Unterrichtsversuchen mit Wasser- und Schallwellen;

Verdeutlichung des Gangunterschiedes durch eine Skizze, in der eine Figur wie auf der Ablichtung durch zwei, von den Spalten ausgehende Lichtwege, die sich auf dem Schirm treffen, ergänzt ist; 10

Zu 3. Aufgreifen der Überlegungen aus 2.; Bezugnahme auf die im Unterricht hergeleiteten und dann für Wasser- und Schallwellen experim. überprüften Gleichungen für den Schnitt einer konfokalen Hyperbelschar mit einer Geraden 7

Aufzeigen von $d^2 \gg g^2$: mit $d = 3{,}5$ m und $g = 0{,}57$ mm ist $d^2/g^2 = 38 \cdot 10^6$ 3

Zu 4. $d^2 \gg x_n^2$, mit $d = 3{,}5$ m und $x_n = 3$ cm ist $d^2 + x_n^2 = 12{,}2509\ \text{m}^2$, also $d^2 + x_n^2 \approx d^2 = 12{,}25\ \text{m}^2$, daher $\sqrt{\frac{1}{d^2 + x_n^2}} \approx \sqrt{\frac{1}{d^2}} = \frac{1}{d}$ 5

Zu 5. $d = 7$ m, $n = 4$, $2x_n = 54{,}2$ mm ergibt $\lambda = \frac{0{,}57 \cdot 10^{-3}\ \text{m} \cdot 54{,}2 \cdot 10^{-3}\ \text{m}}{7 \cdot 7\ \text{m}} =$ 630 nm 4

Fehlerabschätzung: Es wird nur die Ungenauigkeit von $2x_n$ berücksichtigt. $d(2x_n) = \pm 0{,}5$ mm;

Wegen $d\lambda/\lambda = d(2x_n)/2x_n$ ergibt sich für $d\lambda = \pm 6$ nm. 6

Zu 6. reduktives Vorgehen:

Wenn das Wellenmodell zutrifft, dann müssen die mit verschiedenen d- bzw. x_n-Werten berechneten Werte für λ sich innerhalb der Fehlergrenzen als gleich erweisen.

Rohpunkte

Da die Auswertung von Meßwerten das tatsächlich ergibt (siehe auch die folg. Tab.), ist das Wellenmodell brauchbar.

$\frac{d}{\text{m}}$	n	$\frac{2x_n}{\text{mm}}$	$\frac{\lambda}{\text{nm}}$	$\frac{d\lambda}{\text{nm}}$
7	2	23,0	624	± 14
5	3	27,5	627	± 11
3,5	4	27,5	640	± 12

(mit $d(2x_n) = \pm 0{,}5$ mm)

10

50

Die Note wird aus der erreichten Gesamt-Punktzahl (in %) nach dem Normenbuch Physik ermittelt.

Arbeitszeit: 3 Stunden

K. Imkamp, Dormagen

OStR. *Heinrich Brockmeyer*
3470 Höxter

Bestimmung der A v o g a d r o schen Konstanten aus Kristalleigenschaften

D i e A u f g a b e n :

1. Beschreiben Sie, wie mit Hilfe von Beugungsversuchen mit *Röntgen*strahlen an Kristallen die Gitterkonstante und der Kristalltyp ermittelt werden können!

2. Wie kann aus der Kenntnis der Gitterkonstanten, des Kristalltyps, der Dichte und der molaren Masse eines Kristalls die *Avogadro*sche Zahl errechnet werden?

3. Berechnen Sie aus folgenden Angaben von kubisch-flächenzentrierten Kristallen die *Avogadro*sche Konstante N_A in mol^{-1}!

Kristall	NaCl	KCl	Al	Cu	Au	Ag
Gitterkonstante in pm	564	629	405	362	408	408
Molare Masse in g/mol	58,45	74,56	26,97	63,57	197,2	10788
Dichte in g/cm^3	2,16	1,98	2,70	8,92	19,3	10,5

4. Geben Sie andere Methoden zur Bestimmung der *Avogadro*schen Konstanten an und ziehen Sie einen Vergleich mit dieser!

OStR. *Heinrich Brockmeyer*
3470 Höxter

Lösungsblatt und Bewertungsvorschlag

Rohpunkte

1. Bei NaCl und KCl kann mit Hilfe der *Bragg*schen Anordnung eines Schulröntgengerätes die Gitterkonstante ermittelt werden. Dazu sind Einkristalle erforderlich. Bei den Metallen ist es schwieriger, Einkristalle zu bekommen. Dazu bietet sich die *Debye-Scherrer*-Methode an. Es genügt ein Stückchen Metallfolie, die bei Al ein Millimeter und bei Cu, Au, und Ag dünner als 0,1 mm sein muß, weil sonst zuviel Strahlung absorbiert wird. Aus *Laue*-Aufnahmen und den sog. Auslöschungsgesetzen bei *Debye-Scherrer*-Aufnahmen kann dann auf den Kristalltyp geschlossen werden, Wenn die hkl. gerad- und ungeradezahlig dabei nicht auftreten, z. B. (2 1 1), handelt es sich um ein kubischflächenzentriertes Gitter. Die Elementarzelle enthält dann 4 Atome bzw. Ionenpaare. 30

2. Aus Dichte und molarer Masse erreichnet sich das Molvolumen V_{mol} = Molare Masse/Dichte. Die Kubikzahl der Gitterkonstanten ergibt das Volumen einer Elementarzelle: d^3.
V_{mol}/d^3 ergibt die Anzahl der Elementarzellen in einem Mol. Da eine Elementarzelle bei einem kubisch-flächenzentrierten Kristall mit 4 Atomen bzw. Ionenpaaren besetzt ist, muß diese Anzahl noch mit 4 multipliziert werden: $N_A = 4\,(V_{mol}/d^3)$ 20

3. Die *Avogadro*sche Konstante errechnet sich dann zu:

Kristall	NaCl	KCl	Al	Cu	Au	AG	
N_A in 10^{23}/mol	6,08	6,05	6,02	6,01	6,01	6,05	30

4. Eine grobe Methode mit Schätzwerten liefert der Ölfleck, der sich auf einer Wasseroberfläche ausbreitet. Man muß dabei aber schon viel über die Form des Ölsäuremoleküls usw. wissen. Die Bestimmung des *Boltzmann*schen Konstanten, und damit der *Avogadro*schen Konstanten, ist mit Hilfe der *Brown*schen Molekularbewegung möglich. Die Herleitung der *Einstein*schen Gleichung mit dem Verschiebungsquadrat ist mit schulischen Mitteln nicht möglich. Auch andere Schwankungserscheinungen wie das Rauschen und der *Kappler*sche Versuch mit dem kleinen Drehspiegel können im Unterricht nur schwer behandelt werden. Die Versuche von *Perrin* sollten im Unterricht aus historischen Gründen gewürdigt werden, können aber auch nicht nachvollzogen werden. 20

100

OStR. *Heinrich Brockmeyer*
3470 Höxter

A 1

Diese Aufgabe ist in einem Grundkurs erprobt worden und auch wohl wegen der wenigen elementaren Umrechnungen für einen Grundkurs geeignet. Da bei dem Kurssystem der reformierten Oberstufe keine Kenntnisse aus dem Fach Chemie vorausgesetzt werden können, muß das notwendige Wissen wie z. B. Kristallgitteraufbau, Molvolumen usw. in diesem Kurs vermittelt werden. Man kann sich auch nicht darauf berufen, daß diese Kenntnisse bereits in der Mittelstufe da sein mußten.

Auf die 100 Rohpunkte wird dann der bekannte Notenschlüssel angewandt:

0 %	20 %	40 %	60 %	80 %	100 %
6	5– 5 5+	4– 4 4+	3– 3 3+	2– 2 2+	1– 1 1+

H. Brockmeyer, Höxter

OStR. *Walter Czech*
8908 Krumbach/Schw.

Atommodelle / Franck-Hertz-Versuch

Die Aufgaben:

1. Nennen Sie mindestens zwei Beobachtungen, die die Existenz von Atomen belegen.

2. Beschreiben Sie kurz das Atommodell, das man in der kinetischen Gastheorie verwendet.

3.1. Das Partikelmodell sagt nichts über die Struktur des Atoms aus.
Welcher grundlegende Versuch zeigt den Aufbau der Atome aus Kern und Hülle? Beschreiben Sie diesen Versuch anhand einer sauberen Skizze und werten Sie den Versuch sorgfälttig aus.

3.2. Nennen Sie die Grundannahmen des *Rutherford*schen Atommodells.

3.3. Welcher experimentelle Befund spricht dagegen anzunehmen, daß die Masse des Atoms gleichmäßig über das Atomvolumen verteilt sei und man sich lediglich die positive Ladung des Atoms in seinem Zentrum konzentriert zu denken haben?

4. Die Elektronen in den Hüllen der Atome können sich nur in ganz bestimmten Energiezuständen befinden. Der experimentelle Beweis dafür gelang *J. Franck* und *G. Hertz* im Jahre 1914. Abb. 2 zeigt den schematischen Aufbau des *Franck-Hertz*-Versuches.

4.1. Betrachten Sie zunächst Abb. 1.
Wie ändert sich die Anodenstromstärke J_A, wenn die Spannung U, von 0 V beginnend, kontinuierlich gesteigert wird? Zeichnen Sie in Abb. 3 den qualitativen Verlauf des J_A-U-Graphen ein.

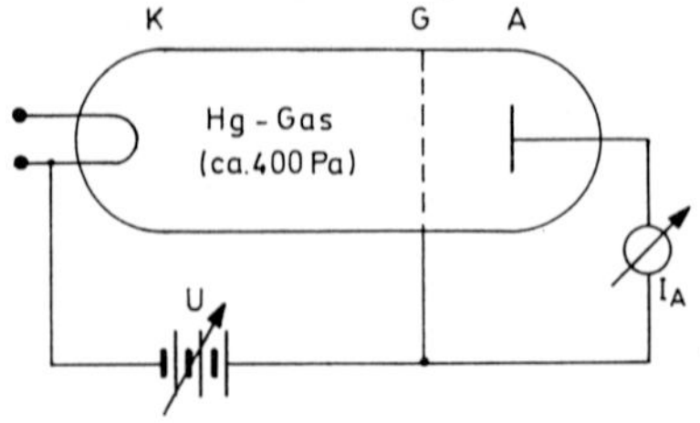

Abb. 1

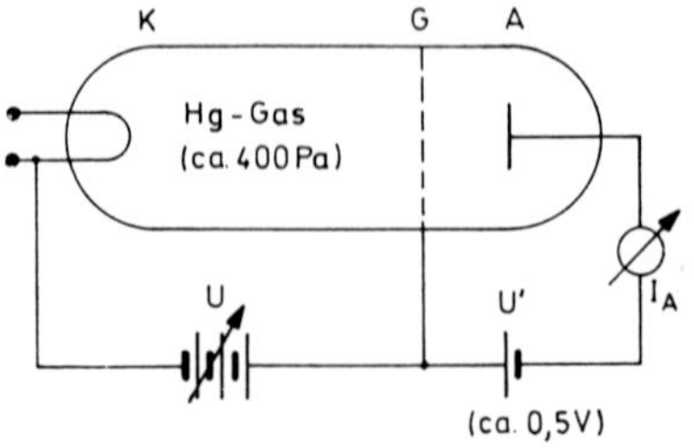

Abb. 2

4.2. Die Schaltung in Abb. 1 wird erweitert. Das Ergebnis zeigt Abb. 2.
Wie ändert sich nunmehr die Anodenstromstärke J_A, wenn die Spannung U, von 0 V beginnend, kontinuierlich gesteigert wird?
Zeichnen Sie ebenfalls in Abb. 3 den qualitativen Verlauf des J_A-U-Graphen sein.

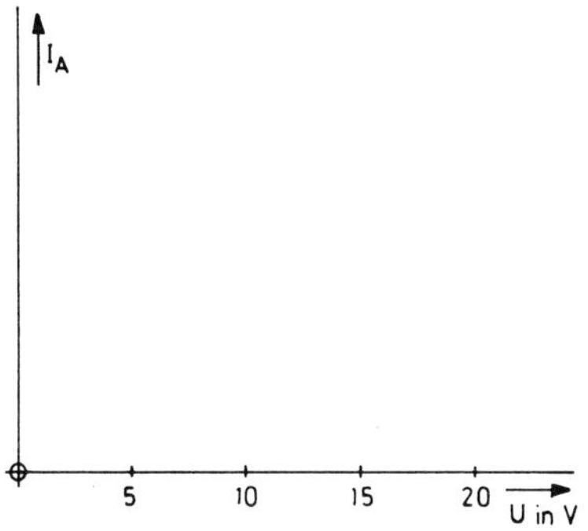

Abb. 3

4.3. Welches Versuchsergebnis müßte man im Falle 4.2. erwarten, wenn man vom Partikelmodell der Gaskinetik ausgeht?

4.4. Im Falle 4.2. geht die Anodenstromstärke J_A bei bestimmten *U*-Werten sehr stark zurück. Erklären Sie, weshalb geht die Anodenstromstärke nicht ganz auf Null zurück?

4.5. Das Versuchsergebnis in 4.2. ist noch kein schlüssiger Beweis dafür, daß *Hg*-Atome diskrete Energiezustände haben. Welches andere Versuchsergebnis ergibt zusammen mit dem Ergebnis von 4.2. den schlüssigen Beweis?

5. Wir beziehen uns auf Abb. 2.

5.1. Es sei $U = 6{,}0$ V.
In welchem Raumgebiet zwischen der Glühkathode *K* und dem Gitter *G* können die aus *K* austretenden Elektronen durch unelastische Stöße mit den *Hg*-Atomen die Energie von 4,9 eV abgeben? Kennzeichnen Sie dieses Raumgebiet in Abb. 2.

5.2. Es sei $U = 12{,}0$ V.
In welchem Raumgebiet zwischen *K* und *G* können die aus *K* austretenden Elektronen durch unelastische Stöße mit den *Hg*-Atomen die Energie von 4,9 eV abgeben? Kennzeichnen Sie diese Raumgebiete in Abb. 2.

6. Die Entladungsröhre (Abb. 2) sei mit Helium-Gas geeigneter Dichte gefüllt. Das erste Minimum der Anodenstromstärke ergibt sich für U = 21 V. Das zweite für U = 42 V. Bedeutet das nun, daß *He*-Atome die diskreten Energieniveaus – 21 eV und – 42 eV haben? Begründen Sie Ihre Antwort kurz.
(Der Grundzustand ist Nullpunkt der Energieskala).

OStR. *Walter Czech*
8908 Krumbach/Schw.

Lösungen:

1. Zur Auswahl:
*Brown*sche Molekularbewegung, Diffusion (z. B. Ausbreiten von Duftstoffen), Vermischen verschiedener Flüssigkeiten (z. B. ergeben 100 cm³ Wasser mit 100 cm³ Alkohol vermischt deutlich weniger als 200 cm³ Alkohol-Wasser-Gemisch),
Interferenz von *Röntgen*strahlen an Kristallebenen,
Sichtbarmachung von Atomen durch das Feldelektronenmikroskop.

2. Ungeladene Punktmassen;
auf die Moleküle wirken weder anziehende noch abstoßende Kräfte, außer im Moment des Zusammenstoßes;
Stoß zwischen zwei Molekülen oder einem Molekül und der Wand des Gefäßes erfolgt elastisch; Prinzip der „molekularen Unordnung".

3.1. *Rutherford*scher Streuversuch (Skizze: Siehe Lehrbuch!)
Folgerungen aus dem Versuch:
- die Atomkerne können keine kompakten Gebilde sein, da die α-Teilchen die Atome selbst durchdringen;
- es existieren ablenkende „Zentren", die für die α-Teilchen undurchdringlich sind;
- die starke Ablenkung könnte auf die Abstoßung der positiv geladenen α-Teilchen durch ein positiv geladenes „Zentrum" zurückzuführen sein.

3.2. Ein Atom besteht aus einem Atomkern und einer Atomhülle. Die positive Ladung und fast die gesamte Masse des Atoms sind im Kern vereinigt.
Die Hülle muß im wesentlichen leerer Raum sein, in der sich die Elektronen befinden.
Die Elektronen in der Hülle kompensieren die positive Ladung des Kerns, so daß das Atom nach außen hin elektrisch neutral ist.

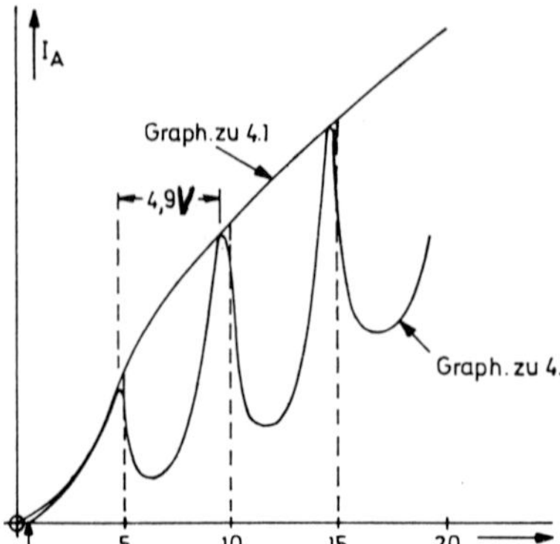

Abb. 4

Die Elektronen müssen in dauernder Bewegung sein, damit sie nicht infolge der elektrostatischen Anziehungskraft in den Kern stürzen.

3.3. Das Absorptionsverhalten der Metallfolien spricht eindeutig dagegen. Wären die Atome nämlich kompakte Gebilde, so würden die Metallfolien (die etwa $10^3 - 10^5$-Atomschichten dick sind) die auftreffenden α-Teilchen fast vollständig absorbieren.

4.1. Man beobachtet einen Stromanstieg wie in einer evakuierten Triode. (→ Abb. 4).

4.2. Siehe Abb. 4!

4.3 Nach dem Partikelmodell sollten die Zusammenstöße zwischen den Elektronen und den *Hg*-Atomen – unabhängig von der kinetischen Energie der Elektronen – stets vollkommen elastisch erfolgen.
Damit müßte man einen ähnlichen Stromanstieg wie in 4.1. erwarten.

4.4. Nicht alle Elektronen treten mit *Hg*-Atomen in Wechselwirkung.

4.5. Spektroskopische Untersuchungen!
Mit Erreichen des ersten, zweiten ... Stromstärke-Maximums kann man jeweils gleichzeitig die *Hg*-Linie 253,7 nm beobachten.

5.1. Siehe Abb. 5!

5.2. Siehe Abb. 5!

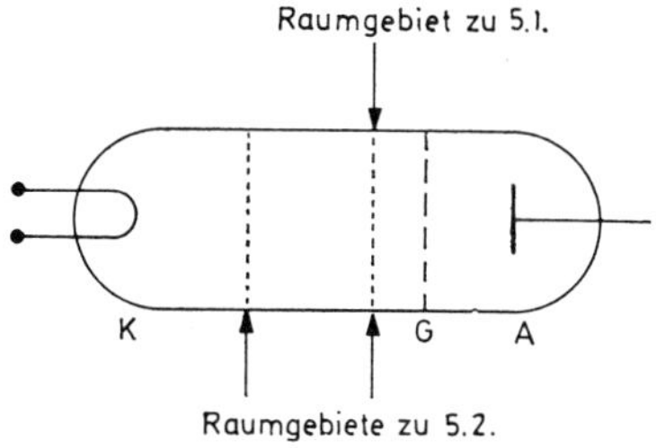

Abb. 5

6. Es folgt daraus nur, daß *He*-Atome das diskrete Energieniveau – 21 eV haben.
Begründung:
Das zweite Stromstärke-Minimum für $U = 42$ V erklärt sich so: Elektronen können zunächst auf halben Weg von *K* nach *G* (Abb. 2) 21 eV im unelastischen Stoß mit *He*-Atomen im Grundzustand abgeben. Sie werden dann durch die Potentialdifferenz von 21 V erneut beschleunigt und können nun nochmals kurz vor *G* denselben Energiebetrag von 21 eV im unelastischen Stoß mit *He*-Atomen im Grundzustand abgeben.

OStR. *Walter Czech*
8908 Krumbach/Schw.

B e w e r t u n g s v o r s c h l a g :

		Punkte
1.	Zwei Beobachtungen	3
2.	Vier Stichpunkte	2
3.1.	Versuchsaufbau mit Beschreibung	2
	Folgerungen	3
3.2.	. . . .	3
3.3.	. . . .	2
4.1.	. . . .	2
4.2.	J_A-U-Graph beginnt in (0,5 V; 0 A	1
	Maxima und richtiger Abstand . .	2
4.3.	Stromverlauf wie in 4.1. . . .	1
	Begründung	2
4.4.	. . . .	2
4.5.	Spektroskopische Untersuchung	1
	Nähere Erläuterung	2
5.1.	. . . .	1
5.2.	. . . .	2
6.	Energieniveau – 21 eV	1
	Begründung.	2
		$\Sigma = 34$

Die erreichte Rohpunktzahl wird nach bekanntem Schema in Punkte bzw. in eine Note übersetzt.

W. Czech, Krumbach

Der lichtelektrische Effekt und die Bestimmung der Planckschen Konstanten h

Die Aufgaben:

1. Beschreiben Sie den Versuchsaufbau und den Versuchsablauf zum lichtelektrischen Effekt und zur Bestimmung der *Planck*schen Konstanten h!

2. Weshalb kann der lichtelektrische Effekt nicht mit Hilfe des Wellenmodells des Lichts erklärt werden?

3. Erklären Sie ausführlich die Gleichung für den lichtelektrischen Effekt:

   $W_{\text{kin}} = U \cdot e = h \cdot f - W_A$!

4. Zu folgenden Wellenlängen sind die Frequenzen zu berechnen und in einem Diagramm sind über diese Frequenzen die zugehörigen kinetischen Energien aufzutragen. Bestimmen Sie aus der Steigung der mittlenden Geraden die *Planck*schen Konstante h! Wie groß ist die Austrittsarbeit W_A?

   Ab welcher Wellenlänge treten Photoelektronen aus?

Wellenlänge nm	578	546	436	405
Spannung U in V	0,16	0,30	0,82	1,04

   (Die Photokathode bestand aus Cäsium)

5. Zink hat eine Austrittsarbeit von 3,47 eV.
   Ab welcher Wellenlänge des einfallenden Lichts werden Photoelektronen frei?

6. Welche Bedeutung hat die *Planck*sche Konstante für die moderne Physik?

OStR. *Heinrich Brockmeyer*
3470 Höxter

Lösungsblatt und Bewertungsvorschlag:

Rohpunkte

1. Beschreibung des Versuchsaufbaus 8
   Beschreibung des Versuchsablaufs 8

2. Die langwellige Grenze kann mit dem Wellenmodell nicht erklärt werden. 6
   Die Aussendung der Photoelektronen setzt direkt nach der Bestrahlung ein. 6
   Die kinetische Energie der Photoelektronen ist nicht von der Intensität sondern von der Wellenlänge des eingestrahlten Lichts abhängig. 6

3. Die kinetische Energie der Photoelektronen ist gleich der elektrischen, die aus der Gegenspannung resultiert: $U \cdot e$. Diese Energie ist gleich der Photoenergie, $h \cdot f$, vermindert um die Austrittsarbeit W_A. Hierbei bedeutete die Elementarladung, h die *Planck*sche Konstante und f die Frequenz des eingestrahlten Lichts. 10

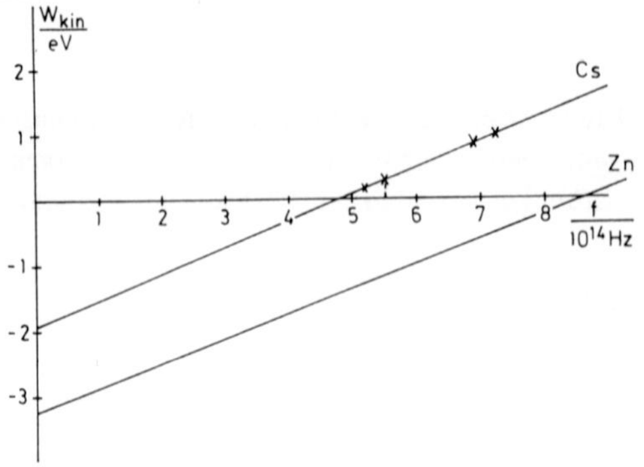

Abb. 1

4. Aus dem Diagramm, Abb. 1, ist die Steigung von $h = 0{,}4$ eV/10^{14} Hz $= 6{,}4 \cdot$ $\cdot\, 10^{-34}$ Js abzulesen 12
   Die Austrittsarbeit beträgt nach dem Diagramm etwa $W_A = 1{,}95$ eV 6
   Die Grenzfrequenz beträgt nach dem Diagramm $4{,}8 \cdot 10^{14}$ Hz. Das entspricht einer Wellenlänge von 625 nm. 8

5. Aus dem Diagramm wird eine Grenzfrequenz von $8{,}6 \cdot 10^{14}$ Hz abgelesen. Daraus folgt $\lambda_g = 349$ nm, oder aus $W_A = h\,f$ folgt $f = 3{,}47$ eV/$4{,}14 \cdot 10^{-15}$ eVs $f = 4{,}4 \cdot 10^{14}$ Hz und somit $\lambda = 357$ nm. 10

6. Die Beantwortung dieser Teilaufgabe hängt davon ab, inwieweit schon Quanteneffekte im Unterricht behandelt wurden. Der Unterschied zwischen Makro- und Mikrophysik muß auf jeden Fall herausgestellt werden: daß die Methoden der klassischen Physik nicht ausreichen, um atomistische Vorgänge zu erklären. 20

100

Die Rohpunkte werden nach bekanntem Schema in Noten, bzw. Punkte übersetzt.

H. Brockmeyer, Höxter

OStR. *Walter Czech*
8908 Krumbach/Schw.

Wechselwirkung von Elektronen und Photonen mit Quecksilberatomen

Die Aufgaben:

Die nachfolgenden Fragen beziehen sich auf Abb. 1. Dort ist das stark vereinfachte Energieniveauschema des (neutralen) Hg-Atoms dargestellt.

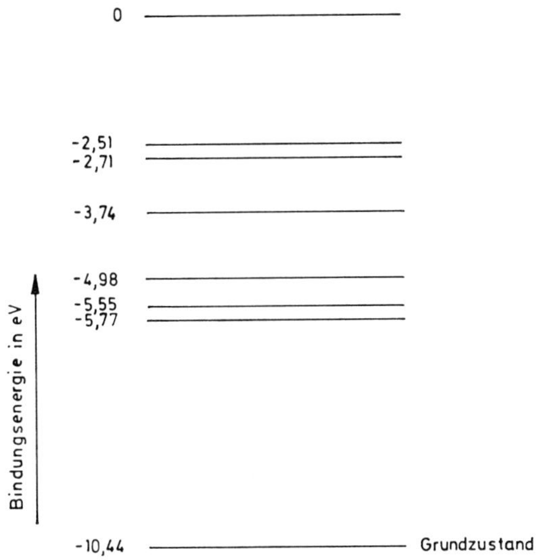

Abb. 1: Energieniveauschema des Hg-Atoms
(stark vereinfacht)

Beachte: Das Energieniveauschema ist nicht maßstabsgerecht gezeichnet.
Alle erlaubten Übergänge im Energiebereich – 10,44 eV bis – 2,51 eV sind eingezeichnet.

1. Beschreiben Sie anhand einer übersichtlichen Skizze eine geeignete Versuchsanordnung, mit der man *einige* Energieniveaus des Quecksilberatoms experimentell bestimmen kann.

2.1. Wie groß sind die Energien E_n in eV der in Abb. 1 dargestellten angeregten Zustände des Quecksilberatoms, bezogen auf den Grundzustand?

Tragen Sie Ihre Ergebnisse in Abb. 1 ein!

2.2. Welche Energie E in J sollten Elektronen haben, mit denen man Quecksilberatome im Grundzustand beschießt, um diese in den zweiten angeregten Zustand zu bringen?

OStR. *Walter Czech*
8908 Krumbach/Schw.

3.1. Quecksilberatome werden von einem Elektronenstrahl der kinetischen Energie 6,70 eV beschossen. Die Hg-Atome befinden sich im Grundzustand.

3.1.1. Welche Energiebeträge können die Elektronen haben, die aus der Kollisionszone austreten?

3.1.2. Welche Energiebeträge können die Photonen haben, die von den bombardierten Hg-Atomen ausgesandt werden? Erläutern Sie Ihre Antwort kurz!

3.2. Elektronen der kinetischen Energie 2,27 eV stoßen Hg-Atome, die sich im Grundzustand befinden. Mit welchen Energiebeträgen verlassen diese Elektronen die Kollisionszone?

4. Photonen der Energie 5,50 eV treffen auf Quecksilberatome im Grundzustand. Was geschieht? Begründen Sie Ihre Antwort kurz!

5. Beim Übergang des Quecksilberatoms vom 5. angeregten Zustand in den 2. angeregten Zustand wird ein Photon der Energie 2,84 eV emittiert.

5.1. Welche Wellenlänge hat das Photon?

5.2. Spricht das menschliche Auge auf Photonen der Energie 2,84 eV an? Wenn ja, welche Farbempfindung lösen diese Photonen im normalsichtigen Auge aus?

5.3. Könnten Quecksilberatome auch durch vollkommen unelastische Stöße mit Elektronen der kinetischen Energie 2,84 eV zur Emission von Photonen der Energie 2,84 eV angeregt werden? – *Fallunterscheidung!*

6. Welche der in Abb. 1 eingezeichneten Übergänge entspricht der Spektrallinie mit der kürzesten Wellenlänge?

7. In einem Quarzgefäß ist stark verdünntes Quecksilber-Gas eingeschlossen, das mit Elektronen beschossen wird, die vorher eine Beschleunigungsspannung von 8,50 V durchlaufen haben.

7.1. Berechnen Sie den Geschwindigkeitsbetrag in km/s mit dem die Elektronen in das Hg-Gas eintreten.

7.2. Es darf angenommen werden, daß die Hg-Atome in alle angeregten Zustände übergeführt werden können, die entsprechend der kinetischen Energie der stoßenden Elektronen überhaupt erreichbar sind.
Benutzen Sie Abb. 1 und versuchen Sie eine Aussage darüber zu machen, in welcher Mischfarbe das Hg-Gas aufleuchtet?

7.3. Nun wird das Quarzgefäß noch zusätzlich mit weißem Licht bestrahlt. Das Lichtbündel, das durch die Hg-Gasschicht hindurchgegangen ist, wird durch ein Spektroskop beobachtet.
Was sieht man?
Erklären Sie kurz, wie es zu dieser Erscheinung kommt, die man hier durch das Spektroskop beobachten kann.

OStR. *Walter Czech*
8908 Krumbach/Schw.

Lösungsblatt:

Rohpunkte

1. Skizze eines Experiments zur Messung der Energieänderung von Elektronen beim Zusammenstoß mit Hg-Atomen und damit zur Ausmessung einiger Energieniveaus des Hg-Atoms:

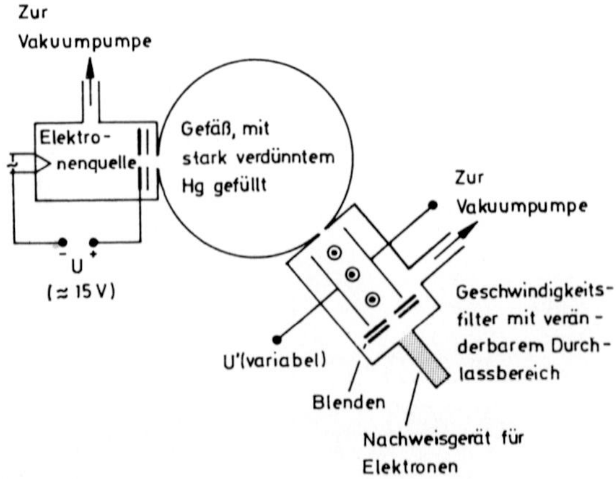

Abb. 2 — 6

2.1. $E_0 = 0$ eV;
$E_1 = -5{,}77$ eV $- (-10{,}44$ eV$) = 4{,}67$ eV; — 2
$E_2 = 4{,}89$ eV;
$E_3 = 5{,}46$ eV;
$E_4 = 6{,}70$ eV;
$E_5 = 7{,}73$ eV;
$E_6 = 7{,}93$ eV;
$E_\infty = (= E_{ion}) = 10{,}44$ eV.

2.2. Aus 2.1. entnimmt man
$4{,}89 \text{ eV} \leqq E < 5{,}46 \text{ eV}.$ — 2

Also:
$7{,}82 \cdot 10^{-19} \text{ J} \leqq E < 8{,}74 \cdot 10^{-19} \text{ J}.$

3.1.1

abgegebene Energie der Elektronen	verbleibende kinetische Energie der Elektronen nach dem unelastischen Stoß mit dem Atom
6,70 eV – 4,67 eV	2,03 eV
6,70 eV – 4,89 eV	1,81 eV
6,70 eV – 5,46 eV	1,24 eV
6,70 eV – 6,70 eV	0 eV

2

Rohpunkte

3.1.2. 4,89 eV oder 6,70 eV.
Die anderen Zustände des Hg-Atoms sind metastabil! Das bedeutet: aus dem 4,67 eV- und 5,46 eV-Niveau gibt es keine spontane Rückkehr des Atoms in den Grundzustand. 2

Zusatz:

a) Ein Hg-Atom im metastabilen Zustand 4,67 eV kann z. B. dadurch in den Grundzustand zurückkehren, indem es durch Elektronenstoß die Energie 4,89 eV – 4,67 eV = 0,22 eV aufnimmt und anschließend aus dem 4,89 eV-Niveau in den Grundzustand unter Emission eines Quants übergeht.

b) Die metastabilen Zustände lassen weitere Möglichkeiten der diskreten Energieaufnahme des Hg-Atoms zu:
4,89 eV – 4,67 eV = 0,22 eV
5,46 eV – 4,67 eV = 0,79 eV
6,70 eV – 4,67 eV = 2,03 eV
6,70 eV – 5,46 eV = 1,24 eV

3.2. Die Elektronen besitzen nicht genügend Energie, um die Hg-Atome in einen angeregten Zustand zu überführen. Zwischen Elektronen und Atom findet ein vollkommen elastischer Stoß statt. Die Elektronen verlassen also mit 2,27 eV die Kollisionszone. 2

4. Es findet keine Absorption statt. Das Photon wird elastisch gestreut. 1
Begründung: Würde das Photon absorbiert, so geschähe dies nur, um das Atom in den angeregten Zustand von 4,89 eV zu bringen. Danach würde das Atom in den Grundzustand zurückkehren, wobei es ein Photon der Energie 4,89 eV emittiert. Wo bliebe bei diesem Vorgang jedoch die Restenergie von 5,50 eV – 4,89 eV ?(!) 3

5.1. $c = \lambda \cdot \nu; \quad \Delta E = h \cdot \nu .$

$$\nu = \frac{h \cdot c}{\Delta E}$$

$$= \frac{6{,}63 \cdot 10^{-34}\,\text{Js} \cdot 3 \cdot 10^{8}\,\text{m}}{2{,}84 \cdot 1{,}6 \cdot 10^{-19}\,\text{J}} = 4{,}37 \cdot 10^{-7}\,\text{m}$$ 3

5.2. Der vom menschlichen Auge wahrgenommene Frequenzbereich liegt zwischen den Grenzen

$4{,}0 \cdot 10^{14}\,\text{s}^{-1}$ bis $7{,}9 \cdot 10^{14}\,\text{s}^{-1}$.
$(750 \cdot 10^{-9}\,\text{m})$ $(380 \cdot 10^{-9}\,\text{m})$ 3
Das normalsichtige Auge hat die Farbempfindung „blau“.

OStR. *Walter Czech*
8908 Krumbach/Schw.

Rohpunkte

5.3. Befinden sich die Hg-Atome im Grundzustand, so ist dies natürlich unmöglich. 1

Stößt das Elektron jedoch mit einem Hg-Atom zusammen, das im angeregten Zustand von 4,89 eV ist, so ist der Vorgang möglich, denn 4,89 eV + + 2,84 eV = 7,73 eV (=E_5!). Vom 7,73 eV-Niveau fällt das Hg-Atom dann unter Emission zweier Quanten in den Grundzustand zurück: 2,84 eV-Quant und 4,89 eV-Quant. 3

6. Übergang von – 3,74 eV zu – 10,44 eV. 2

7.1. $\frac{1}{2} m_e v^2 = e \cdot U (v \ll c!)$

$$v = \sqrt{\frac{2 \cdot e \cdot U}{m_e}}$$

$$v = \sqrt{\frac{2 \cdot 1{,}6 \cdot 10^{-19}\,\text{As} \cdot 8{,}50\,\text{V}}{9{,}1 \cdot 10^{-31}\,\text{kg}}} =$$

$$= \sqrt{2{,}989 \cdot 10^{12}\,\frac{\text{m}^2}{\text{s}^2}} = 1{,}73 \cdot 10^6\,\text{m/s} = 1730\,\text{km/s}$$ 4

7.2. Die Energiebeträge der emittierten Quanten im sichtbaren Bereich des Lichts liegen zwischen 2,27 eV und 3,06 eV. 4

Der Quecksilberdampf leuchtet in der additiven Mischfarbe blau (siehe auch 5.2.!).

7.3. Man sieht das für Hg typische Absorptionsspektrum. 1

Erklärung, weshalb die Absorptionslinien dunkel erscheinen:
Die Hg-Atome absorbieren nur Photonen diskreter Energien und damit bestimmter Frequenzen. Beim Übergang vom angeregten Zustand in energetisch tiefere Zustände emittiert das Atom wieder ein Photon oder auch mehrere Photonen, wobei die Gesamtenergie der Photonen gleich ist der Energiedifferenz zwischen den Energieniveaus. 3

Die Emission der Quanten (Frequenzen z.B. $\nu_0, \nu_1, \nu_2, \ldots$) erfolgt in jede mögliche Richtung des Raums – und nicht nur in Richtung des gebündelten Strahls der (weißen) Lichtquelle. Damit treffen am Ort der Spektrallinien der Frequenzen $\nu_0, \nu_1, \nu_2, \ldots$ weniger Photonen auf als in der „Nachbarschaft" dieser Spektrallinien. Diese Spektrallinien müssen daher dem Auge des Beobachters dunkler erscheinen als die Spektrallinien, die zwischen den *Absorptionslinien* liegen.

$\Sigma = 46$

OStR. *Walter Czech*
8908 Krumbach/Schw.

Vorgeschlagener Notenschlüssel:

Rohpunkte	44–46	42–43	39–41	37–38	34–36	32–33	30–31	27–29	25–26
Punkte	15	14	13	12	11	10	9	8	7
Note		1			2			3	

Rohpunkte	23–24	20–22	18–19	15–17	12–14	9–11	0–8
Punkte	6	5	4	3	2	1	0
Note		4			5		6

W. Czech, Krumbach

OStR. *Heinrich Brockmeyer*
3470 Höxter

Die Serien des Wasserstoffspektrums und die Energieniveaus

1. Beschreiben Sie Versuchsaufbau und -durchführung zur Ausmessung von Spektrallinien und leiten Sie die Gleichung für die Wellenlängenbestimmung her.

2. Bei einem Wasserstofflinienspektrum wurden folgende Wellenlängen ermittelt: $\lambda_1 = 656$ nm, $\lambda_2 = 486$ nm, $\lambda_3 = 434$ nm, $\lambda_4 = 410$ nm.
   Berechnen Sie mit Wellengleichung die zugehörigen Frequenzen f_1 bis f_4.

3. *Balmer* fand bereits 1885 eine Beziehung, mit deren Hilfe die Frequenzen dieser Serie errechnet werden konnten: $f_n = R\,(1/4 - 1/(n+2)^2)$; $n \in \mathbb{N}$.
   Dabei ist $R = 3{,}29 \cdot 10^{15}$ Hz, die Rydbergfrequenz. Berechnen Sie mit dieser Gleichung f_{B1} und f_{B6} und $f_{B\infty}$. Vergleichen Sie mit Teilaufgabe 2.

4. *Lyman* fand dann 1906 im kurzwelligen Ultraviolett eine Serie, die mit einer entsprechenden Gleichung beschrieben werden kann: $f_n = R\,(1-1/(n+1)^2)$. Berechnen Sie damit die ersten vier Frequenzen der *Lyman*-Serie und deren Grenzfrequenz für $n \to \infty$.

5. Tragen Sie alle berechneten Frequenzen in ein Termschema ein. Bilden Sie dazu zunächst die Differenzen der Frequenzen aus der *Lyman*-Serie! Vergleichen Sie mit den Frequenzen f_{Bn}.

6. Wie laufen die Gleichungen für Frequenzen und deren Serien im langwelligereren Bereich des Wasserstoffspektrums, und wie kann man diese Frequenzen wiederum aus Differenzen anderer Frequenzen errechnen?
7. Berechnen Sie zu den ersten vier Frequenzen und der Grenzfrequenz der *Lyman*-Serie die Quantenenergien in eV. Welche Bedeutung haben diese Energien, insbesondere die der Grenzfrequenz, für das Wasserstoffatom?

8. Lassen sich die hier beim Wasserstoffatom verwandten Gesetzmäßigkeiten auch auf schwere Atome entsprechend anwenden?

9. Wie kann auch mit Hilfe der *Bohr*schen Theorie das Wasserstoffspektrum gedeutet werden?

Lösungsblatt:

1.1. Der Versuchsaufbau wird mit Hilfe einer Zeichnung erklärt und die Durchführung beschrieben.

1.2. Mit Hilfe einer weiteren Zeichnung, wie sie auch in den Lehrbüchern angegeben wird geometrisch die Gleichung hergeleitet: $\lambda = G \cdot x / \sqrt{x^2+d^2}$.

G = Gitterkonstante, x = Abstand der entspr. Linie vom Spaltbild, d = Abstand Gitter-Schirm.

2.1. Aus $c = \lambda \cdot f$ folgt $f_1 = 457$ THz, $f_2 = 617$ THz, $f_3 = 691$ THz und $f_4 = 732$ THz.

3.1. Mit Hilfe der angegebenen Gleichung ergibt sich: $f_{B1} = 457$ THz, $f_{B2} = 617$ THz, $f_{B3} = 691$ THz, $f_{B4} = 731$ THz, $f_{B5} = 755$ THz, $f_{B6} = 771$ THz, $f_{B\infty} = 823$ THz.

4.1. Aus der angegebenen Gleichung errechnet sich: $f_{L1} = 2467$ THz, $f_{L2} = 2924$ THz, $f_{L3} = 3084$ THz, $f_{L4} = 3158$ THz und $f_{L\infty} = 3290$ THz.

5.1. Differenzen der Frequenzen der *Lyman*-Serie:

$f_{L2} - f_{L1}$ = 457 THz, das ist aber gleich f_{B1}!

$f_{L3} - f_{L1}$ = 617 THz, das ist aber gleich f_{B2} usw.

Mit Hilfe dieser Feststellung müßte nun das Thermschema richtig gezeichnet werden.

6.1. Aus den beiden bereits angegebenen Beziehungen kann durch Extrapolation gefolgert werden:

$f_{4n} = R(1/4^2 - 1/(n+4)^2);\ n \in \mathbb{N}$

$f_{3n} = \mathrm{R}(1/3^2 - 1/(n+3)^2);\ n \in \mathbb{N}$

und entspr. f_{5n}.

7.1. Die Energien errechnen sich aus $E_n = h \cdot f_{Ln} \cdot e/e$.

$E_1 = 10{,}2$ eV, $E_2 = 12{,}1$ eV, $E_3 = 12{,}7$ eV, $E_4 = 13{,}0$ eV und $E_\infty = 13{,}6$ eV.

Diese Energien werden in ein Energie-Niveauschema eingetragen.

8.1. Falls im Unterricht schon die *Röntgen*spektren behandelt wurden, kann darauf hingewiesen werden, daß die *Moseley*schen Beziehungen ähnliche Form haben.

9. Diese Teilaufgabe kann natürlich nur bearbeitet werden, wenn die *Bohr*sche Theorie behandelt wurde.

OStR. *Heinrich Brockmeyer*
3470 Höxter

Bewertungsvorschlag für die Kursarbeit:

		Punkte
1.1.	Versuchsaufbau und -durchführung	6
1.2.	Herleitung der Gleichung für λ	6
2.1.	Berechnung der Frequenzen	6
3.1.	Berechnung der Frequenzen nach *Balmer*	12
4.1.	Berechnung der Frequenzen der *Lyman*-Serie	10
5.1.	Berechnung der Differenzen und Vergleich	6
5.2.	Termschema	6
6.1.	Weitere Serien	6
6.2.	Frequenzen aus Differenzen	6
7.1.	Quantenenergien	6
7.2.	Deutung der Quantenenergien	6
8.1.	Entspr. Gesetzmäßigkeiten bei anderen Atomen	6
9.1.	*Bohr*sche Theorie und Wasserstoffspektrum	18
		100

Die erreichte Punktzahl wird dann nach bekannten Schema in eine Note übersetzt.

Bei einem Grundkurs können die Teilaufgaben 7.2., 8. und 9. weggelassen werden. Die erreichte Punktzahl wird dann mit 10/7 multipliziert und dann nach dem Schema in Noten umgerechnet.

H. Brockmeyer, Höxter

Die B a l m e r - Serie des Wasserstoffatoms

D i e A u f g a b e n :

Geräte: 1 Spektralröhre mit Wasserstoff-Füllung, 1 Halter für Spektralröhren, 1 Hochspannungsnetzgerät zum Betrieb der Entladungsröhre, 1 Scheibenhalter, 1 Rowland-Gitter-Kopie, Aufbaumaterial und 1 Maßstab.

Es werden die zur Bestimmung der Wellenlängen der H_α-, H_β-, H_γ-Linien notwendigen Größen gemessen.

a) Beschreiben Sie den Versuchsaufbau und die Versuchsausführung.
b) Erläutern Sie das Atommodell von *Bohr.* Entwickeln Sie die Formel für die Energie eines emittierten Photons und diejenige für die Frequenz der emittierten Strahlung.

c) Stellen Sie eine Formel auf zur Bestimmung der Wellenlänge der beobachteten Spektrallinien der *Balmer*-Serie. Berechnen Sie damit die Wellenlänge und die Frequenzen der 3 Spektrallinien. Bestätigen Sie das Gesetz der *Balmer*-Serie. Diskutieren Sie die bei der Bestimmung der Wellenlängen auftretenden Fehlerquellen.

d) Berechnen Sie für die *Balmer*-Serie die Seriengrenze, die Ionisationsenergie und die Energiestufen des Wasserstoffatoms ($n = 1, 2, 3, 4, 5$).
Zeichnen Sie das Termschema des Elektrons im Wasserstoffatom und erklären Sie das Entstehen der drei beobachteten Spektrallinien.

e) Bestimmen Sie aus den Versuchsdaten und den entsprechenden Naturkonstanten das *Planck*sche Wirkungsquantum h.

OStR. *Kurt Hintze*
2148 Zeven

Lösungen und Punktewertung:	*Rohpunkte*
1. Versuchsaufbau	1
Versuchsausführung	3
b) Erläuterung des Atommodells von *Bohr*	2
Herleitung der Formel für r und v	4
Entwicklung der Energieformel eines emittierten Photons	6
Herleitung der *Balmer*-Formel $\gamma = R \cdot \left(\frac{1}{2^2} - \frac{1}{n^2}\right)$	3
c) Aufstellung der Formel zur Bestimmung der Wellenlängen	
der 3 Spektrallinien $\lambda = \frac{x \cdot D}{\sqrt{a^2 + x^2}}$	3
Berechnung der 3 Wellenlängen: 643 nm (H_α-Linie) 485 nm (H_β-Linie) 426 nm (H_γ-Linie)	2
Berechnung der 3 entsprechenden Frequenzen nach der Formel $c = \lambda \cdot \nu$. $\nu_1 = 4{,}67 \cdot 10^{14}$ Hz $\nu_2 = 6{,}19 \cdot 10^{14}$ Hz $\nu_3 = 7{,}05 \cdot 10^{14}$ Hz	1
Berechnung der Frequenzen nach der *Balmer*-Formel $\nu_1 = 4{,}56 \cdot 10^{14}$ Hz, $\nu_2 = 6{,}15 \cdot 10^{14}$ Hz, $\nu_3 = 6{,}9 \cdot 10^{14}$ Hz	2
Bestätigung der *Balmer*-Formel	1
Fehlerquellen	2
d) Berechnung der Seriengrenze $\lambda_\infty = \frac{c}{\nu_\infty} = 365$ nm und Angabe der Lage der entsprechenden Linie (an der Grenze zum Ultravioletten)	2
Bestimmung der Ionisationsenergie ($2{,}179 \cdot 10^{-18}$ J)	2
Berechnung der Energiestufen	1
Termschema	2
Erklärung des Zustandekommens der beobachteten Spektrallinien	2
e) Erkennen, daß R aus dem Term $\nu = R \cdot \left(\frac{1}{2^2} - \frac{1}{n^2}\right)$ berechnet werden kann, Auflösung der Formel nach R	2

Bestimmung von R aus den gemessenen 3 Wellenlängen
$\overline{R} = 3{,}28 \cdot 10^{15}\ \mathrm{s}^{-1}$. 2

Formel für R aus der *Bohr*schen Theorie benutzen, nach h auflösen.

$$h = \sqrt[3]{\frac{e^4 m_e}{8\,\epsilon_0^2 R}}$$ 1

Berechnung von h. $h = 6{,}63 \cdot 10^{-34}\ \mathrm{Js}$ 2

$\Sigma = 46$

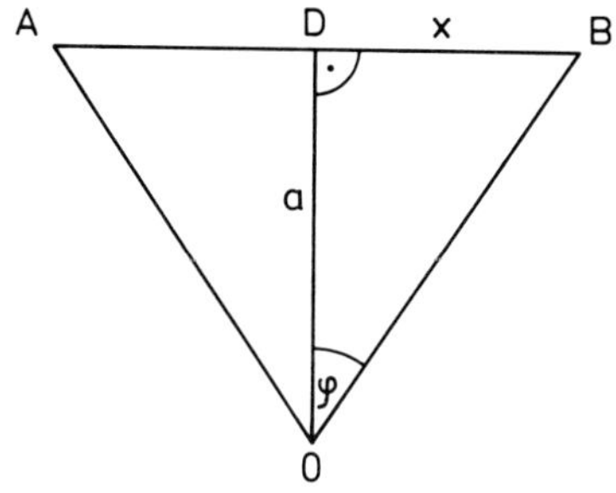

Zu Aufgabe c:

2x/m	Spektrallinie
0,63	H_α-Linie
0,46	H_β-Linie
0,40	H_γ-Linie

Weitere Meßdaten: $a = 0{,}8$ m, $D = g = \frac{10^{-4}}{57}$ m

$\overline{AO} = \overline{OB} = x$. $\alpha = \overline{OD}$

K. Hintze, Zeven

Dipl.-Phys. *Hans-Joachim Nestler*
8752 Mainaschaff

Das B o h r sche Atommodell – Möglichkeiten und Grenzen

Im Folgenden werde die Kernmasse als beliebig groß, die Geschwindigkeit als klein gegen die Lichtgeschwindigkeit angenommen.

Nach der *Bohr*schen Theorie gilt im Feld eines Kernes der Ladungszahl Z für den Bahnradius eines einfach negativ geladenen Teilchens der Masse m_T

$$r_n = \frac{h^2 \epsilon_0}{Z m_T e^2 \pi} n^2$$

und für die Energie eines Elektrons auf der n-ten Bahn

$$E_n = -\frac{Z^2 R h c}{n^2}$$

1.. *Das Wasserstoffatom in der B o h r schen Theorie*

1.1 Berechnen Sie für die beiden ersten Bahnen Radius und Geschwindigkeit. (Teilergebnis: $v_2 = 1{,}09 \cdot 10^6$ m/s)

1.2 In welchem Bereich liegen die Wellenlängen des Lichtes, die das Elektron von der ersten auf eine der anderen Bahnen zu heben vermögen?

1.3 Berechnen Sie allgemein die Umlauffrequenz des Elektrons auf der n-ten Quantenbahn. (Ergebnis: $\nu_{Uml} = 2cR/n^3$)

1.4 (Hier problemlösendes Denken)
Nach der klassischen Theorie müßte ein kreisendes Elektron eine elektromagnetische Strahlung mit der Frequenz seines Umlaufes und ihre Oberwellen aussenden.

Zeigen Sie, daß auch die *Bohr*sche Theorie für große Quantenzahl und kleine Quansprünge ($n \gg \Delta n$) in erster Näherung ebenfalls die Frequenzen der klassischen Theorie ergibt.

1.5 In welchem Verhältnis steht die Materiewellenlänge des Elektrons auf der Zweiten Quantenbahn zum Radius dieser Bahn?

1.6. Die Verallgemeinerung des Ergebnisses in 1.5 ergibt eine anschauliche wellenmechanische Deutung für die Auswahl der stabilen Bahnen. Führen Sie die allgemeine Rechnung durch und erläutern Sie das Ergebnis.

2. *Mesonenatome* nennt man solche Atome, in denen ein Elektron durch ein Meson ersetzt wurde, vorzugsweise durch ein Müon, das einfach negativ geladen und dessen Masse gleich dem 207-fachen einer Elektronenmasse ist.

2.1 Berechnen Sie den Radius der ersten Quantenbahn eines solches Mesonenatoms, bestehend aus einem Müon und einem Kern der Ladungszahl 81. (Ergebnis: $r_{M\,1} = 3{,}16 \cdot 10^{-15}$ m).

2.2 Vergleichen Sie das Ergebnis mit anderen Dimensionen eines Atoms und begründen Sie danach, warum die Untersuchung von Mesonenatomen von großem Interesse ist.

3. Leiten Sie aus dem oben angegebenen allgemeinen Ausdruck für die Energie des Elektrons im Atom das *Moseley*sche Gesetz für die k_α-Linie ab. Begründen Sie wesentliche Punkte Ihrer Ableitung.

4. Aus der Lebensdauer angeregter Zustände kann man ableiten, daß im Wasserstoffatom der Impuls des Elektrons auf der zweiten Bahn mit einer Unschärfe von größenordnungsmäßig $\Delta p = 10^{-32}$ m kg/s bestimmt werden kann.

   Welche Bedeutung hat diese Aussage für die in 1.1. berechneten Werte?

Arbeitszeit: 90 Minuten

Dipl.-Phys. *Hans-Joachim Nestler*
8752 Mainaschaff

Die Lösungen und ein Bewertungsvorschlag:

		Arbeitszeit etwa	Rohpunkte
1.1	Radius nach der angegebenen Formel, Geschwindigkeit unter Verwendung der *Bohr*schen Quantenbedingung. $r_1 = 5{,}29 \cdot 10^{-11}\,\text{m}$; $r_2 = 1{,}32 \cdot 10^{-11}\,\text{m}$; $v_1 = 2{,}19 \cdot 10^6\,\text{m/s}$	10 Min	7 Rp
1.2	Seriengrenze ergibt Wellenlängenminimum, Maximum nach der angegebenen Formel für Übergang $n = 1$ nach $n = 2$. $9{,}11 \cdot 10^{-8}\,\text{m} < \lambda \leqslant 12{,}2 \cdot 10^{-8}\,\text{m}$	10 Min	7 Ro
1.3	$\nu_{\text{Uml}} = v_n/2\pi r$ Einsetzen zunächst von v_n aus der *Bohr*schen Quantenbedingung und dann von r_n ergibt die Beziehung.	10 Min	7 Ro
1.4	$E = h \cdot \nu = Rhc\left(\frac{1}{n^2} - \frac{1}{(n+\Delta n)^2}\right) = Rhc\,\frac{(n+\Delta n)^2 - n^2}{n^2\,(n+\Delta n)^2}$ $\nu \approx Rc\,\frac{2n \cdot \Delta n}{n^4} = 2\,Rc\,\frac{\Delta n}{n^3}$. Für $\Delta n = 1$ erhält man die in 1.3 berechnete Frequenz, für $\Delta n = 2$ usw. Oberwellen.	10 Min	6 PD
1.5	Aus $\lambda = h/mv$ und den berechneten Werten folgt $\lambda : r \approx \pi$	4 Min	3 Rp
1.6	Aus Quantenbedingung, Formel für r_n und *de-Broglie*-Wellenlänge erhält man $n \cdot \lambda_n = 2\,\pi\,r_n$. Der Umfang der Quantenbahn ist ein ganzzahliges Vielfaches der dem Elektron zugeordneten Materiewellenlänge.	8 Min	5 Ro
2.1	$r_{\text{M1}} = r_1 : (207 \cdot 81)$	6 Min	5 Rp
2.2.	Der Radius liegt in der Größenordnung der Kernradien. Bei Mesonenatomen verläuft die Bahn des Mesons in nächster Nähe des Kerns oder sogar in diesem. Ihr Spektrum liefert daher Aufschlüße über die Struktur des Kernes.	8 Min	5 Tr
3.	Die Linie wird beim Übergang $n = 2$ nach $n = 1$ emittiert. Die zugehörigen Bahnen werden durch die weiter außen liegenden übrigen Hüllenelektronen nicht gestört, jedoch schirmt das zweite Elektron auf der *K*-Schale eine Kernladung ab, so daß man mit $(Z-1)$ rechnen muß.	10 Min	6 Tr

	Arbeitszeit etwa	Rohpunkte
4. Division durch die Masse ergibt die Unschärfe der Geschwindigkeit in der Größenordnung 10^{-2} m/s. Bei den berechneten Geschwindigkeiten liegt dies unter der Meßgenauigkeit.	6 Min	4 Ro
Nach den *Heisenberg*schen Unschärferelationen errechnet sich die Unschärfe der Ortskoordinate zu etwa 0,1 m. Die Zuordnung zum Atom geht vollkommen verloren. Dies ist ein Hinweis auf die Grenzen des *Bohr*schen Atommodells.	8 Min	5 Tr

Insgesamt 60 Rohpunkte, davon 15 entsprechend 25 % Reproduktion (Rp)
23 entsprechend 38,3 % Reorganisation (Ro)
16 entsprechend 26,7 % Transfer (Tr) und
6 entsprechend 10 % Problemlösendes Denken (PD).
Bewertung entsprechend Abiturschlüssel der Kultusministerkonferenz.

H.-J. Nestler, Mainaschaff

StD. *Walter Lassner*
4573 Löningen

Das Spektrum eines wasserstoffähnlichen Ions

Die Aufgaben:

1. Beschreiben Sie Aufbau und Ablauf des Versuchs.
2. Geben Sie eine physikalisch begründete Deutung des Versuchs. Leiten Sie dabei die Formeln ab, die zur Berechnung der Wellenlänge benutzt werden können:

   (1) $\tan \alpha_i = a_i/e$ und (2) $\sin \alpha_i = \lambda_i/d$
   $i = 1, 2, 3, \ldots, 7$.
3. Berechnen Sie mit Hilfe der Formel (1) und (2) die Wellenlängen der beobachteten Spektrallinien und ermitteln Sie den relativen Fehler, indem Sie die folgenden Literaturwerte als wahre Werte annehmen.

dunkelrot	706,5 nm	rot	667,8 nm	gelb	587,6 nm
hellgrün	501,6 nm	dunkelgrün	492,2 nm	blau	471,3 nm
violett	447,1 nm				

4. Die Spektrallinien des vorgeführten Versuchs wurden von vollständigen, neutralen Heliumatomen erzeugt. Hätte man stattdessen das Spektrum mit einfach geladenen Heliumatomen (He^+-Ionen) erzeugt, so wären folgende Linien zu beobachten gewesen:

   $\lambda_1 = 656{,}21$ nm, $\lambda_2 = 541{,}32$ nm, $\lambda_3 = 486{,}08$ nm, $\lambda_4 = 454{,}30$ nm.

   Diese Linien lassen sich durch eine der *Balmer*-Formel ähnliche berechnen:

   $N = R_{He} \cdot 2^2 \cdot (1/n^2 - 1/m^2)$ mit $R_{He} = 1{,}0972 \cdot 10^7 \cdot 1/\text{m}$ und $n = 4$.

   Ordnen Sie der jeweiligen Wellenlänge λ_i ($i = 1, 2, 3, 4$) die zutreffende Quentenzahl m zu.
5. Begründen Sie aus dem *Bohr*schen Modell des Wasserstoffatoms, warum sich die Linien des Heliumatoms nicht nach der *Bohr*schen Theorie berechnen lassen, wohl aber die der Heliumionen.

Meßdaten:

Entfernung Röhre – Gitter, $e = 1830$ mm

Abstand der virtuellen Maxima von der Mittellinie a;

dunkelrot	$a_1 = 805$ mm
rot	$a_2 = 750$ mm
gelb	$a_3 = 647$ mm
hellgrün	$a_4 = 549$ mm
dunkelgrün	$a_5 = 540$ mm
blau	$a_6 = 505$ mm
violett	$a_7 = 477$ mm

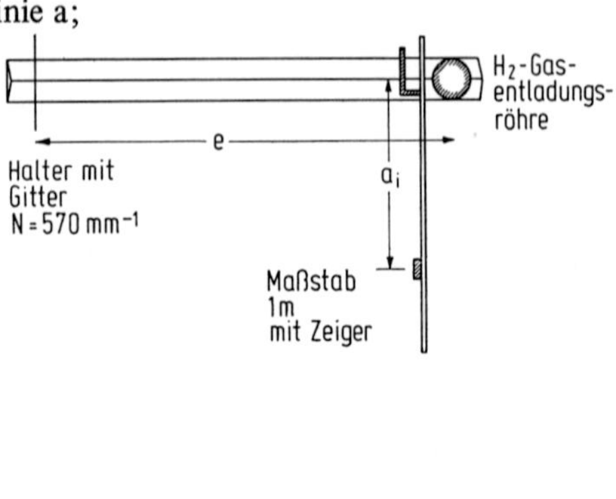

Abb. 1

Gitterzahl $N = 570\ \text{mm}^{-1}$

Erwartete Ergebnisse und Vorschläge zur Punktwertung

Rohpunkte

1. Beschreibung des Aufbaus und Erläuterungen zu den Aufbauteilen,
   Beschreibung der Messung,
   Erläuterung des Kunstgriffs der Beobachtung der virteullen Beugungsbilder der Kapillare — 8

2. Theorie der Beugung am Gitter nach der Theorie nach *R. W. Pohl* er der Theorie nach *R. W. Pohl* — 9

3. Berechnung von λ_i aus $\lambda_i = \sin \arctan (a_i/e)$ und des relativen Fehlers — 8

4. Kleinste mögliche Zahl für m ist 5

m = 5	λ = 1012,6787 nm	m = 10	λ = 434,0051 nm
m = 6	λ = 656,2158 nm	m = 11	λ = 420,117 nm
m = 7	λ = 541,3228 nm	m = 12	λ = 410,1348 nm
m = 8	λ = 486,0857 nm		
m = 9	λ = 454,3032 nm		

7

5. Herausarbeiten der Unterschiede und Gemeinsamkeiten des H-Atoms, des He-Atoms und des He^+-Ions.
   Übertragung der *Bohr*schen Theorie auf das He^+-Ion.
   Begründung des Faktors 2^2. — 18

$\Sigma = 50$

W. Lassner, Löningen

StD. Dr. *Ernst Herrmann*
5200 Siegburg

Die Anregung von Natriumatomen

Unterrichtliche Voraussetzungen.

1) Wellenoptik, insbesondere Beugung am Gitter. 2) Ionisierungsarbeit. 3) Licht in Emission und Absorption (mit Kochsalz gelb gefärbte Bunsenflamme absorbiert Licht einer Na-Dampflampe). 4) Elastischer und unelastischer Stoß. 5) *Bohr*-Modell und Termschema. 5) Photonentheorie, Photonenimpuls

$$p = \frac{\overline{W}}{c}\text{, Ruhenergie, } \overline{W} = mc^2\text{, Massenveränderlichkeit } m = \frac{m_0}{\sqrt{1-\frac{v^2}{c^2}}}.$$

Die Umkehrung der D-Linie und die Resonanzfluoreszenz sind unbekannt. Sie werden im Experiment vorgeführt. Literatur zum Versuch: Phywe, Bedienungsanleitung zu 09089.00 und 09088.93.

Die Aufgaben:

Vorbemerkung zu den beiden Versuchen: Im Glaskolben befindet sich etwas metallisches Natrium, das je nach Ofentemperatur mehr oder weniger verdampft. Bei Zimmertemperatur kondensiert es so gut wie vollständig. Die gemessene Temperatur von etwa 220 °C ist zu gering, um eine sichtbare thermische Anregung der Na-Atome im Kolben herbeizuführen.

a) Geben Sie eine Beschreibung der beiden Versuche.

b) Erklären Sie das Entstehen der dunklen Linie im Spektrum der Reuterlampe (Versuch 1).

c) Geben Sie eine Erklärung des zweiten Versuchs.

d) Um die Wellenlänge des Natriumlichtes zu messen, hat man das Licht senkrecht auf ein Strichgitter mit 500 Strichen pro mm fallen lassen und für die Beugung erster Ordnung einen Beugungswinkel von $\alpha = 17{,}13^\circ$ gemessen. Bestimmen Sie die Wellenlänge λ, die Energie der Lichtquanten, ihren Impuls und ihre Masse.

e) Der Begriff des Termschemas ist zu erläutern. Zeichnen Sie ein Termschema des Natriums, für den Grundzustand, das in d) berechnete Anregungsniveau und das Grenzniveau.
Die Ionisierungsarbeit für Natrium beträgt 5,14 eV.

f) Gehen Sie von der Annahme aus, daß ein Photon auf ein Natriumatom trifft, das die Geschwindigkeit $v_0 = 0$ m/s hat.

Nehmen Sie weiter an, daß die Energie des Photons restlos in kinetische Energie des Atoms übergeht. Zeigen Sie unter Verwendung des Energie- und Impulserhaltungssatzes, daß die beiden Annnahmen zu einem Widerspruch führen.

StD. Dr. *Ernst Herrmann*
5200 Siegburg

Die Lösungen:

Zu a) Das Licht einer Reuterlampe wird durch einen engen Spalt geschickt, der mit Hilfe einer Linse auf einen Schirm abgebildet wird. Das hinter der Linse angebrachte Glasprisma erzeugt vom weißen Licht der Lampe ein kontinuierliches Spektrum. Der in einem Ofen auf ca. 220 °C erhitzte Glaskolben enthält Natriumdampf. Der Kolben wird zwischen Prisma und Schirm gebracht. Im gelben Teil des Spektrums entsteht eine schwarze Linie, die bei Wegnahme bzw. Abkühlung des Kolbens wieder verschwindet. Im zweiten Versuch wird die Reuterlampe durch eine Natriumdampflampe ersetzt. Außerdem werden Prisma und Spalt entfernt, so daß das Licht der Natriumdampflampe direkt auf den erhitzten Kolben von ca. 220 °C fällt. Im Kolben erscheint ein intensiv gelb gefärbter Nebel, der ihn undurchsichtig macht, so daß auf dem Schirm ein dunkler Schatten entsteht. Schatten und Nebel verschwinden, wenn der Kolben abkühlt.

Zu b) Im Spektrum der Reuterlampe ist gelbes Licht enthalten, das die Natriumdampfatome im Kolben in einen angeregten Zustand bringt. Absorption! Die angeregten Na-Atome gehen nach kurzer Zeit wieder in den Grundzustand zurück. Dabei werden Lichtquanten emitttiert, deren Energie mit der Energie der vorher absorbierten Quanten übereinstimmt. Die emittierten Lichtquanten werden aber *in alle Richtungen* abgegeben. Daher wird die Intensität des Na-Lichtes in der ursprünglichen Richtung geschwächt. Im Spektrum erscheint eine dunkle Linie. Diese verschwindet, wenn nach Abkühlung des Kolbens nicht mehr genügend Na-Dampfatome vorhanden sind.

Zu c) Der Natriumdampf im Kolben leuchtet nicht selbst, weil die thermische Anregung wegen der zu geringen Temperatur von ca. 220 °C zu schwach ist. Daher erscheint er im Tageslicht als durchsichtig. Dagegen reicht das Licht der Natriumdampflampe aus, um hinreichend viele Na-Atome anzuregen (Resonanz). Die auf ein höheres Energieniveau angehobenen Atome geben die absorbierte Energie in Form von Licht wieder ab. Die Abgabe erfolgt in alle Richtungen. Im Kolben erscheint ein gelb gefärbter Nebel (Resonanzfluoreszenz). Er wird für das Licht der Na-Dampflampe undurchlässig. Auf dem Schirm entsteht ein dunkler Schatten. Bei Abkühlung kondensiert der Natriumdampf. Die Anzahl der absorbierenden Atome ist dann so gering, daß der Nebel und der Schatten verschwinden.

Zu d) $\lambda = 589\,\mathrm{nm}$, $f = 5{,}09 \cdot 10^{14}\,\mathrm{s}^{-1}$, $W = h \cdot f = 3{,}37 \cdot 10^{-19}\,\mathrm{J} = 2{,}11\,\mathrm{eV}$,

$$p = \frac{W}{c} = 1{,}12 \cdot 10^{-27}\,\frac{\mathrm{kg\,m}}{\mathrm{s}}, \quad m_\mathrm{p} = \frac{W}{c^2} = 3{,}74 \cdot 10^{-36}\,\mathrm{kg}$$

Zu e)

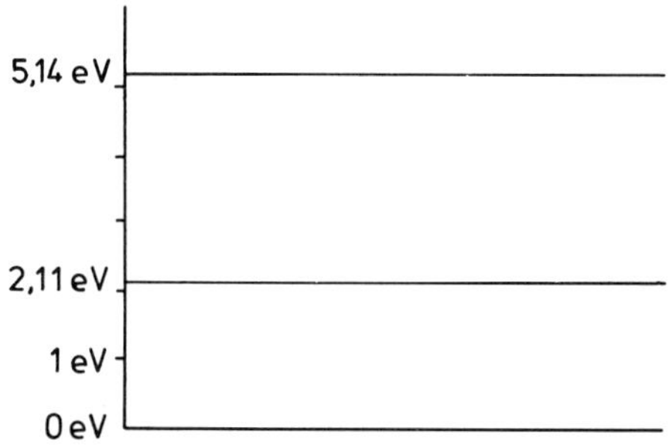

Abb. 1

Im Termschema werden die diskreten Energieniveaus, auf die ein Atom durch Anregung (= Energieaufnahme) gebracht werden kann, anschaulich dargestellt. Der Grundzustand wird als O-Niveau bezeichnet.

Zu f) Es soll der Energiesatz gelten:

Ruhenenergie des Atoms + Photonenenergie = Gesamtenergie des Atoms nach der Absorption, d. h.

(1) $m_0 c^2 + hf = m c^2 = \dfrac{m_0 c^2}{\sqrt{1 - \dfrac{v^2}{c^2}}}$

Es soll der Impulserhaltungssatz gelten:

Photonenimpuls vor der Absorption = Impuls des Atoms nach der Absorption, d. h.

(2) $\dfrac{hf}{c} = \dfrac{m_0 v}{\sqrt{1 - \dfrac{v^2}{c^2}}}$

Aus (1) und (2) folgt:

$$\frac{m_0 v}{\sqrt{1 - \frac{v^2}{c^2}}} = \frac{m_0 \cdot c}{\sqrt{1 - \frac{v^2}{c^2}}} - m_0 c, \quad m_0 (v - c) = -m_0 c \sqrt{1 - \frac{v^2}{c^2}},$$

$$m_0^2 (v - c)^2 = m_0^2 (c^2 - v^2), \quad v = c.$$

Das Atom müßte sich mit Lichtgeschwindigkeit fortbewegen, was wegen der endlichen Ruhmasse des Atoms unmöglich ist.

Bewertungsvorschlag:

Aufgabe:	a)	b)	c)	d)	e)	f)	
Rohpunkte	5	10	10	8	5	14	$\Sigma = 52$

StD. Dr. *Ernst Herrmann*
5200 Siegburg

Bewertungsschlüssel:

Rohpunkte	52–50	49–47	46–45	44–42	41–39	38–37
Punkte	15	14	13	12	11	10
Note		1			2	

Rohpunkte	36–34	33–31	30–29	28–27	26–24	23–22
Punkte	9	8	7	6	5	4
Note		3			4	

Rohpunkte	21–19	18–15	14–11	10
Punkte	3	2	1	0
Note		5		6

Dr. *E. Herrmann*, Siegburg

Moleküle und Photonen

Die Aufgaben:

1. Zur Bestimmung des Abstandes der Netzebenen wird ein NaCl-Kristall mit *Röntgen*licht bestrahlt und ein erstes Maximum unter dem Glanzwinkel $7{,}5^\circ$ gefunden. An der *Röntgen*röhre lag eine Spannung von 17 kV.

1.1 Berechnen Sie die Grenzwellenlänge der *Röntgen*strahlung. (Ergebnis 73 exp – 12 m)

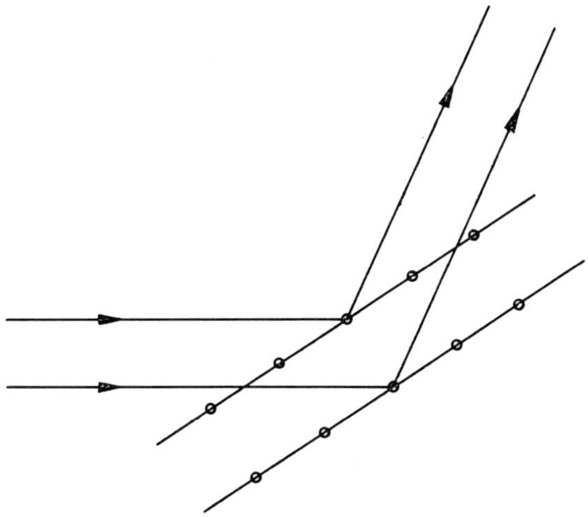

Abb. 1

1.2 Berechnen Sie den Netzebenenabstand unter der Annahme, daß aus dem *Röntgen*licht alle längeren Wellen herausgefiltert seien.

2. Welche Gegenspannung würde in einer Cäsium-Photozelle gerade den Strom sperren, wenn diese mit der D_3-Linie des Helium bestrahlt wird?

3.1 Schildern Sie an Hand einer Skizze einen qualitativen Versuch zur Darstellung des *Compton*-Effektes. Gehen Sie insbesondere auch darauf ein, welcher wellenlängenabhängige Effekt der Messung zugrunde lag.

3.2 *Röntgen*licht der Wellenlänge 617 exp – 13 m werde an freien Elektronen gestreut. Welche Wellenlänge hat das unter 150° gestreute Licht?

4.1 Skizzieren Sie eine Lichtmühle (Drehachse senkrecht zur Zeichenebene, reflektierende Fläche mit *r*, absorbierende mit a bezeichnet) und begründen Sie die Drehrichtung, wenn die Mühle ins Sonnenlicht gestellt wird.

4.2 Die Drehung der Mühle wird manchmal fälschlicherweise auf den Lichtdruck zurückgeführt. Zeigen Sie, daß Ihre Antwort zu 4.1 dieser Begründung widerspricht.

4.3 (Problemlösendes Denken im zweiten Teil; Lassen Sie sich durch ein verblüffendes Ergebnis nicht beirren!)
Zeigen Sie durch eine Überschlagsrechnung, daß der Druck auf die Flügel der Mühle (geeignete Annahmen: Temperaturunterschied 10 K, Füllgas Stickstoff, Dichte 1,3 exp – 5 kg/m^3) mit dem Lichtdruck des Sonnenlichtes (Leistung $P_s = 120\ mW/cm^2$) erheblich differiert.

Die Lösungen und ein Bewertungsvorschlag:

		Arbeits-zeit etwa	Roh-punkte
1.1	$eU = h\nu$ und Umrechnung ergibt den angegebenen Wert	6 min	4 Rp
1.2	Die *Bragg*sche Beziehung liefert 2,8 exp – 10 m	4 min	3 Rp
2.	Aus $eU = h\nu - W$ erhält man mit den Werten der Tabellen in der Formelsammlung $U = 0{,}174$ V .	12 min	7 Ro
3.1	Messung des Nulleffektes bei ausgeschalteter Spannung. Zirkonfilter F absorbiert langwellige Strahlung. Messung von Impulszahl/Zeit einmal mit Cu-Filter in Stellung 1, dann in Stellung 2. Nach Abzug des Nulleffektes ergibt Messung zwei deutlich niedrigere Impulszahlen als Messung 1.		

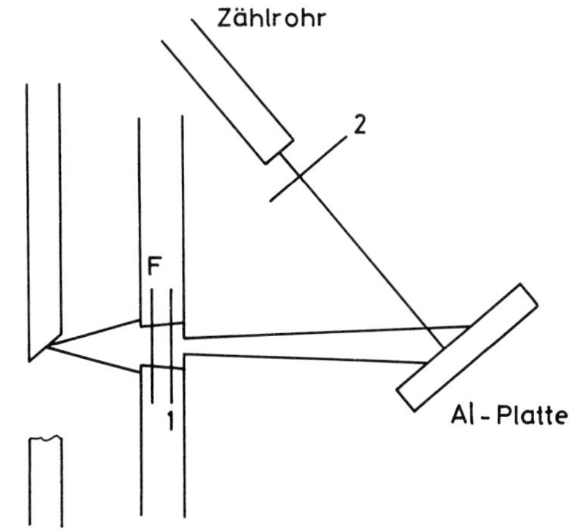

Abb. 2

	Grund: die Absorption des *Röntgen*lichtes ist wellenlängenabhängig.	18 min	10 Ro
3.2	Streuformel ergibt 662 exp – 13 m.	10 min	6 Rp
4.1	Drehrichtung absorbierende zu reflektierender Fläche. Die absorbierende Fläche erwärmt sich stärker, daher erhalten auftreffende Gasmoleküle mehr Impuls übertragen als an den reflektierenden Flächen. Impulserhaltung erfordert Impulsübertrag auf die Mühlenflügel.	13 min	8 Ro
4.2	Lichtdruck ergäbe bei Absorption Abgabe des Impulses des Lichtquants an den Flügel, bei Reflexion aber Übertragung des doppelten Impulses. Damit wäre die Drehrichtung anders.	7 min	7 T

Dipl.-Phys. *Hans-Joachim Nestler*
8752 Mainaschaff

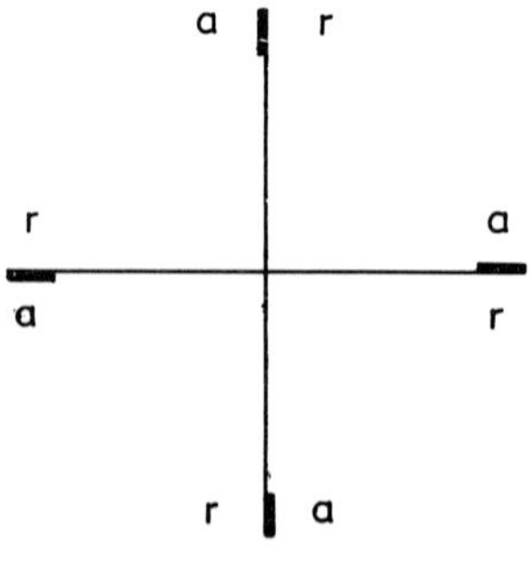

Abb. 3

4.3 Bei Anwendung der Formeln für Druckänderung in Abhängigkeit vom mittleren Geschwindigkeitsbetrag und dessen Abhängigkeit wiederum von der Temperatur unter Beachtung, daß der Stickstoff molekular vorliegt und der Impuls der Gasmoleküle, anders als bei Ableitung der Druckformel, nur beim Abstoß sich ändert, erhält man eine Druckdifferenz von 0,02 Pa. — 10 min — 8 T

Berechnung der Zahl der auftreffenden Quanten aus Sonnenleistung und Energie eines Quants multipliziert mit Impuls pro Quant liefert $p = P_s : c$ und $p = 4 \exp - 6$ Pa. — 10 min — 7 PD

Bearbeitungszeit 90 Minuten

Insgesamt 60 Rohpunkte, davon
13 Rohpunkte entsprechend 22 % Reproduktion (Rp)
25 Rohpunkte entsprechend 42 % Reorganisation (Ro)
15 Rohpunkte entsprechend 25 % Transfer (T)
7 Rohpunkte entsprechend 11 % Problemlösendes Denken (PD)

Benotung entsprechend Abiturschlüssel der Kulturministerkonferenz

H.-J. Nestler, Mainaschaff

OStR. *Heinrich Brockmeyer*
3470 Höxter

Das B o h r sche Atommodell und seine Grenzen

D i e A u f g a b e n :

1. Welche Fakten und Überlegungen führten zum *Bohr*schen Atommodell?
2. Geben Sie die Postulate des *Bohr*schen Atommodells an, und weisen Sie auf Widersprüche zur klassischen Physik hin!
   (1.: $2\pi m_e r_n v_r = nh$; 2.: $hf = W_2 - W_1$)
3. Deuten Sie die folgende Gleichung:
   $$\frac{e^2}{4\pi\epsilon_0 \cdot r_n^2} = \frac{m_e \cdot v_n^2}{r_n}$$ und lösen Sie diese nach r_n auf!
4. Berechnen Sie mit der Gleichung für r_n und dem 1. Postulat den Radius der innersten Bahn ($n = 1$) beim Wasserstoffatom. (Die Größen sind einer sind einer Tabelle zu entnehmen.)
5. Leiten Sie entsprechend die Gleichung für die Bahngeschwindigkeiten v_n der Elektronen her, berechnen sie v_1 und setzten Sie diese Geschwindigkeit mit der Lichtgeschwindigkeit ins Verhältnis! Was kann daraus gefolgert werden?
6. Für die kinetische Energie eines Elektrons auf der Bahn mit dem Radius r_n folgt aus obigem Ansatz: $\frac{1}{2}E_{kin} = \frac{1}{2}m_e v_n^2 = e^2/8\pi\epsilon_0 r_n$.
   Zeigen Sie, daß das Elektron beim Übergang auf eine Bahn mit größerem Radius kinetische Energie verliert!
7. Für die potentielle Energie gilt:
   $E_{pot} = -e^2/4\pi\epsilon_0 \cdot r_n$
   Zeigen Sie, daß das Elektron beim Übergang auf eine Bahn mit größerem Radius potentielle Energie gewinnt!
8. Berechnen Sie die Gesamtenergie des Elektrons für $n = 1$ und $n = 2$! Wie groß ist die Differenz dieser Energien?
9. Wie kann das Linienspektrum des Wasserstoffs mit Hilfe der Energiedifferenzen gedeutet werden?
10. Warum mußte das *Bohr*sche Atommodell zum *Sommerfeld*schen Atommodell erweitert werden und worin besteht diese Erweiterung?
11. Warum hat aber auch dieses erweiterte Modell seine Grenzen?

OStR. *Heinrich Brockmeyer*
3470 Höxter

Lösungs- und Bewertungsvorschlag:

Punkte

1. Das *Rutherford*sche Atommodell stand mit wesentlichen Beobachtungen im Widerspruch. Die Elektronen müßten nach diesem Modell auf beliebigen Bahnen den Kern umkreisen. Sie müßten dabei ständig Energie abstrahlen usw. *Bohr* nahm zu dem *Rutherford*schen Modell die Vorstellungen von der quantenhaften Struktur der Energie hinzu. 5

2. Das erste Postulat, welches fordert, daß ein Elektron nur auf bestimmten Bahnen mit bestimmter Energie den Kern umkreist und dabei keine Energie abstrahlt, steht auch im Widerspruch zur klassischen Physik, macht jedoch schon von Quantenbedingungen Gebrauch.
Auch das zweite Postulat, daß ein Elektron von einer zugelassenen Bahn nur auf eine andere übergehen kann, wenn ihm die entsprechende Energiedifferenz zugeführt wird usw. ist auch nicht mit Hilfe der klassischen Physik zu erklären. 10

3. Die *Coulomb*kraft wird gleich der Radialkraft gesetzt.
$r_n = e^2/4\,n\epsilon_0 \cdot m_e v_n^2$. 10

4. $r_n = \epsilon_0 \cdot n^2 \cdot h^2/\pi \cdot e^2 \cdot m_e$ und $r_1 = 0{,}53 \cdot 10^{-10}$ m. 10

5. $v_n = e^2/2\epsilon_0 \cdot n \cdot h$ und $v_1 = 2{,}2 \cdot 10^6$ m/s
$v_1 : c = 1 : 137$. Es braucht nicht relativistisch gerechnet zu werden. 10

6. Da der Radius der kinetischen Energie umgekehrt proprotional ist, wird bei einem größeren Radius die Energie kleiner. 5

7. Wegen des negativen Vorzeichens gewinnt das Elektron jetzt an potentioneller Energie! 5

8. $E_1 = -2{,}17 \cdot 10^{-18}$ J und $E_2 = 0{,}543 \cdot 10^{-18}$ J
$E_2 - E_1 = 1{,}627 \cdot 10^{-18}$ J 10

9. Das *Bohr*sche Modell ist wohl in erster Linie entwickelt worden, um die Linienspektren zu erklären. Die bereits bekannte *Balmer*serie kann durch Energiedifferenzen des Elektrons ausgedrückt werden:
$hf = hcR\,(1/n^2 - 1/n^2)$, $n = 3, 4, 5$ und $m = 2$. $m = 1$ ergibt dann die *Lyman*serie, $m = 3$ die *Paschen*serie, $m = 4$ die *Brackett*serie und $m = 5$ die *Pfundt*serie. 15

10. Will man entsprechend wie beim Wasserstoffatom das *Bohr*sche Atommodell auch auf Atome mit höherer Ordnungszahl anwenden, so erhält man bedeutend weniger Linien als beobachtet werden.

Sommerfeld hat das *Bohr*sche Atommodell durch Annahmen von elliptischen Elektronenbahnen erweitert.
Die Gesamtenergie eines Elektrons hängt dabei nur von der großen Achse der Bahnellipse ab. Weiterhin können alle vier Quantenzahlen berücksichtigt werden. 10

11. Das *Bohr-Sommerfeld*sche Atommodell geht von klassischen Vorstellungen, wie Elektronen als Teilchen und der Bahn eines Elektrons aus. Zu diesen Vorstellungen kommen dann noch Annahmen aus der Quantenphysik. Das sind zwei grundsätzlich verschiedene Betrachtungsweisen. Mit Hilfe der *de Broglie*-Wellen konnte dann später das 1. *Bohr*sche Postulat sinnvoll gedeutet werden, aber dadurch wurde erst recht das Teilchenbild mit der Wellenvorstellung vermischt. Die Physiker sind dann vor 50 Jahren immer mehr zu der Erkenntnis gelangt, daß der Aufbau der Atome nicht mit den Gesetzen der klassischen Makrophysik zu erklären sind. 10

100

Diese Aufgaben sind für eine Klausur in einem Leistungskurs konzipiert worden, können und sollten aber auch in einem Grundkurs angewandt werden. Da in einem Grundkurs nur 3/5 der Arbeitszeit eines Leistungskurses zur Verfügung stehen, müßten die Teilaufgaben 3, 4, und 5 entfallen. In Teilaufgabe 6 muß es für „folgt aus obigem Ansatz" „gilt" heißen. Die erzielten Punkte werden nach bekanntem Schema in Noten umgewandelt.

H. Brockmeyer, Höxter

StD. *Jürgen Reimers*
5205 St. Augustin

Röntgenstrahlen

Die Aufgaben:

1a) Beschreiben und begründen Sie das *Debye-Scherrer*-Verfahren. Erläutern Sie in diesem Zusammenhang den Begriff „Reflexion" und begründen Sie die *Bragg*sche Reflexionsbedingung $2\,d \sin\varphi = k \cdot \lambda$!

b) Der innerste Ring einer *Debye-Scherrer*-Aufnahme hat einen Durchmesser von 1,8 cm. Berechnen Sie den zugehörigen Netzebenenabstand, wenn die Wellenlänge der benutzten monochromatischen *Röntgen*strahlung $\lambda = 0{,}71 \cdot 10^{-10}$ m betrug und der Film in einer Ebene senkrecht zur Durchstrahlungsrichtung im Abstand a = 3,5 cm von der Kristallprobe angebracht war.

c) Wie würde sich die Aufnahme ändern, wenn anstelle der monochromatischen *Röntgen*strahlung die gesamte von einer *Röntgen*röhre abgegebene Strahlung mit der Grenzwellenlänge $0{,}4 \cdot 10^{-10}$ m benutzt würde?

2 a) Beschreiben Sie den als *Compton-Effekt bezeichneten* experimentellen Befund und begründen Sie das im Unterricht benutzte Verfahren zum Nachweis dieses Effekts.

b) Geben Sie die Ansätze zur quantitativen Beschreibung des *Compton*-Effekts an, begründen Sie die Gleichungen und schildern Sie die weiteren Schritte zur Ableitung der Gleichung $\Delta\lambda = \frac{h}{c \cdot m_e}(1 - \cos\delta)$, ohne die Rechnung selbst durchzuführen.

3) Erläutern Sie die Konsequenzen, die sich aus den in Aufg. 1 und 2 behandelten experimentellen Ergebnissen für die modellhafte Beschreibung der *Röntgen*strahlung ergeben. Schildern Sie Versuche, die im Bereich der sichtbaren Strahlung zum gleichen Problem führen und nennen Sie charakteristische Unterschiede gegenüber den Versuchen im *Röntgen*bereich.

Erwartete Ergebnisse und Bewertungsvorschlag:

		Punkte
1 a)	Darstellung des *Debye-Scherrer*-Verfahrens, Begründung für die Lage der Interferenzmaxima (Kegelmäntel);	6
	Skizze zur *Bragg*-Reflexion, Erläuterung des Begriffs „Reflexion" und Herleitung der Gleichung	8
b)	$\tan 2\varphi = \frac{r}{a}$, $\varphi = 7{,}2°$, mit $k = 1$ folgt $d = 2{,}8 \cdot 10^{-10}$ m	5
c)	Die Interferenzmaxima 1. Ordnung überdecken die ganze Ebene, ausgenommen eine Kreisscheibe mit Radius $r' = 0{,}50$ cm. Die gesamte Aufnahme zeigt ringförmige Strukturen für $r \geqslant r'$, die durch Überlagerung der Interferenzfiguren verschiedener Ordnung und durch die Intensitätsverteilung innerhalb des *Röntgen*spektrums (Bremsstrahlung, charakteristische Strahlung) entstehen.	9
		26
2 a)	Beschreibung der prinzipiellen Versuchsanordnung und der Versuchsergebnisse;	4
	Nachweis von $\lambda > \lambda_0$ (nach *Pohl*) über die im interessierenden λ-Bereich für einen Absorber monotone Änderung der Transmission mit λ	7
b)	Annahmen für den Ansatz (Photonenvorstellung, Wechselwirkung mit quasifreien Elektronen, elastischer Stoß);	4
	Skizze mit Bezeichnungen, Impulserhaltungssatz (für 2 Richtungen) und Energieerhaltungssatz;	8
	weitere Schritte der Rechnung	4
		27
3)	Darstellung des Dualismusproblems, Grenzen von Modellvorstellungen;	9
	Vergleich mit dem optischen Bereich (Beschreibung eines typischen Interferenzversuchs und der Versuchsergebnisse zum äußeren Photoeffekt)	9
	charakteristische Unterschiede: Größenordnungen der Wellenlängen bzw. Frequenzen der benutzten Strahlungen (mit Konsequenzen für die Versuchsanordnungen) und der Photonenenergien	5
		23

Notenschlüssel:

Punkte	0–15	16–30	31–41	42–53	54–65	66–76
Note	6	5	4	3	2	1

Arbeitszeit: 3 Std.

J. Reimers, St. Augustin

OStR. *Heinrich Brockmeyer*
3470 Höxter

Die Beugung des Röntgenlichts am Kristallgitter

(Die Braggsche Reflexion)

1. Beschreiben Sie die Beugung des Lichts am optischen Gitter.

2. Beschreiben Sie die *Bragg*sche Versuchsanordnung bei einem Schul-*Röntgen*gerät.

3. Leiten Sie die *Bragg*sche Beugungsbedingung her.

4. Berechnen Sie den Gitterebenenabstand bei einem Natriumchlorid-Einkristall. Die Dichte von Natriumchlorid beträgt 2,16 g/cm^3.

   (Ergebnis: Gitterebenenabstand d = 281 pm)

5. Bei einer Anodenspannung von 20 kV wird mit Hilfe der *Bragg*schen Anordnung und eines Natriumchlorid-Einkristalls für die kurzwellige Grenze des kontinuierlichen *Röntgen*spektrums der *Bragg*sche Winkel $\beta = 6{,}3°$ gemessen.

   Bestimmen Sie aus $h \cdot f_{max} = e \cdot U$ das *Planck*sche Wirkungsquantum h.

6. Unter den *Bragg*schen Winkeln $\beta_1 = 14{,}3°$ und $\beta_2 = 15{,}9°$ werden sogenannte charakteristische Linien gemessen.

   Berechnen Sie die zugehörigen Wellenlängen und Quantenenergien.

7. Deuten Sie die Entstehung der charakteristischen Strahlung und damit den Aufbau der Atomhülle.

2. Unterrichtliche Voraussetzungen

Physikalisches Wissen:

Schwingungen und Wellen, das Huygensche Prinzip, Interferenz und Beugung, das Wellenmodell des Lichts, wellentheoretische Betrachtung der Interferenz und Beugung. Kenntnis der Molmasse. Atommodelle, Quantenenergie.

Gerätekenntnis:

Spektrallampen, Gitter, Röntgengerät mit Braggscher Anordnung, Geiger-Müller-Zählapparatur.
Kenntnis von Wellen, Trigonometrie, Rechnen mit Größengleichungen, Atommodelle.

3. Erwarteter Lösungsweg

zu 1. Eine allgemeine Definition der Beugung wird erwartet.

zu 2. Die Braggsche Versuchsanordnung wird skizziert und beschrieben.

zu 3. Mit Hilfe einer Skizze und der Braggschen Interferenzbedingung wird die Gleichung $2\,d \cdot \sin \beta = n \cdot \lambda$ hergeleitet.

zu 4. Aus der Dichte 2,16 g/cm³ und der Molmasse des Natriumchlorids von 57,5 g/mol errechnet sich das Molvolumen zu 27 cm³. Wenn d der Ionenabstand ist, dann ist $d^3 = 27\ cm^3/2 \cdot 6 \cdot 10^{23}$ und daraus $d = 281$ pm.

zu 5. Die Wellenlänge wird aus der Braggschen Beziehung errechnet und die Frequenz aus $c = \lambda \cdot f$, wobei $c = 3 \cdot 10^8$ m/s ist.
Dann ist $h = U_A \cdot e \cdot \lambda_{min}/c = 6{,}6 \cdot 10^{-34}$ Js.
U_A = Anodenspannung, $e = 1{,}6 \cdot 10^{-19}$ As.

zu 6. Mit Hilfe der Braggschen Bedingung werden die Wellenlängen λ_1 = 139 pm und λ_2 = 154 pm errechnet. Sie entsprechen der K_β- und der K_α-Strahlung des Kupfers. Die Quantenenergien dieser Strahlung errechnen sich aus $E = h \cdot f$, wobei $f = c/\lambda$ ist.

zu 7. Bei der Entstehung der charakteristischen K_α-Strahlung muß zunächst ein Elektron aus der K-Schale herausionisiert werden. Wenn dann ein Elektron aus der L-Schale in die Lücke der K-Schale „springt“, wird ein Quant mit der entsprechenden Frequenz ausgestrahlt. Zur K_β-Strahlung gehört der K-M-Übergang. Veranschaulichung mit Hilfe eines Energieschemas.

H. Brockmeyer, Höxter

OStR. *Heinrich Brockmeyer*
3470 Höxter

Röntgenabsorptionsspektroskopie und die Ordnung der Elemente

1. Beschreiben Sie die Methode der *Röntgen*absorptionsspektroskopie und den Versuchsaufbau und -ablauf!

2. Mit Hilfe eines Schulröntgengerätes wurden die Wellenlängen der *K*-Absorptionskanten folgender Absorber bestimmt:

Z	Element	Wellenlänge in pm
30	Zn	128
35	Br	92
40	Zr	69
47	Ag	49

   Rechnen Sie die Wellenlängen in Frequenzen um und tragen Sie in einem Diagramm über die Ordnungszahlen die $\sqrt{f}$-Werte auf!

3. Diese Werte liegen auf der sog. *Moseley*schen Geraden mit der Gleichung $\sqrt{f} = \sqrt{R}\,(Z - a)$. Bestimmen Sie aus der Steigung der Geraden die *Rydberg*frequenz R und aus dem Z-Achsenabschnitt die sog. Abschirmkonstante a!

4. Welche Bedeutung hat die Abschirmkonstante?

5. Welche Bedeutung hat die *Rydberg*frequenz bei den Serien des Wasserstoffspektrums?

6. Zwei unbekannte Absorber haben Absorptionskanten mit Wellenlängen von $\lambda_1 = 149$ pm und $\lambda_2 = 160$ pm.

   Bestimmen Sie mit Hilfe Ihres Diagramms die zugehörigen Ordnungszahlen Z_1 und Z_2! Was stellen Sie fest, wenn Sie die Ordnungszahlen dieser Elemente mit ihren Massenzahlen vergleichen? Kommt so etwas im Periodensystem der Elemente häufiger vor?

7. Wie konnte man mit Hilfe der *Moseley*schen Geraden über die Ordnung der Elemente und über noch fehlende Elemente etwas aussagen?

8. Warum ändert sich bei der Wellenlänge der Absorptionskante sprunghaft die Transmission?

9. Warum werden die energiereicheren *Röntgen*quanten in diesem Bereich so stark absorbiert?

Die Lösungen:

Zu 1. Wegen der langwierigen Messungen kann den Schülern nur eine Messung vorgeführt werden. Mit Hilfe der *Bragg*schen Anordnung wird der Anfang des *Röntgen*spektrums solange aufgenommen, bis man zur Absorptionskante kommt. Der *Bragg*sche Winkel wird so genau wie möglich bestimmt und mit Hilfe der *Bragg*schen Bedingung $\lambda = 2\ d \cdot \sin \beta$ in Wellenlängen umgerechnet. Etwas zeitraubender aber eindrucksvoller ist die fotografische Registrierung des Absorptionsspektrums. Vgl. *H. Brockmeyer: Röntgen*absorptionsspektren und die Ordnung der Elemente, PRAXIS/1970, S. 1 oder *H. Brockmeyer: Röntgen*strahlen im Unterricht, PRAXIS-SCHRIFTENREIHE, Abteilung Physik, Band 28, Aulis Verlag Deubner & Co KG, Köln, 1973.

Bei dieser Methode kann man jedem Schüler eine Kopie eines Röntgenabsorptionsspektrums vorlegen.

Zu 2. Mit Hilfe der Wellengleichung $c = \lambda \cdot f$, wobei c die Lichtgeschwindigkeit $3 \cdot 10^8$ m/s ist, werden die $\sqrt{f}$-Werte errechnet:
$15{,}3 \cdot 10^8\ s^{-1/2}$ bei Zn,
$18{,}1 \cdot 10^8\ s^{-1/2}$ bei Br,
$20{,}9 \cdot 10^8\ s^{-1/2}$ bei Zr,
$24{,}7 \cdot 10^8\ s^{-1/2}$ bei Ag.

Diese Werte werden dann über die entspr. Ordnungszahlen aufgetragen: Abb. 1.

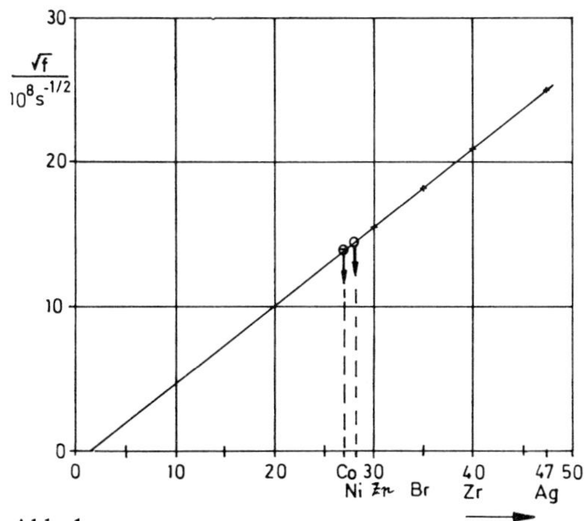

Abb. 1

Zu 3. Aus dem Diagramm ergibt sich zum Beispiel:

$\sqrt{R} = 21{,}9 \cdot 10^8\ s^{-1/2} / 40 = 0{,}538 \cdot 10^8\ s^{-1/2}$

und daraus: $R = 0{,}3 \cdot 10^{16}$ Hz. Dieses Ergebnis ist gegenüber Tabellenwerten um

OStR. *Heinrich Brockmeyer*
3470 Höxter

10 % zu klein. Das liegt aber nicht an den Meßwerten. Die *Moseley*sche Gerade ist nur eine grobe Näherung.

Der Z-Achsenabschnitt ist nach Abb. 1 etwa $a = 2$.

Zu 4. Auf die äußeren Elektronen in der Elektronenhülle wirkt nicht das volle elektrische Feld der Kernladung Ze, denn dieses wird durch die inneren Elektronen abgeschwächt. Bei der *Röntgen*absorption wirkt sich das besonders stark aus, weil dabei zunächst ein Elektron aus der K-Schale völlig aus dem Atomverband herausgelöst wird. Der jeweilige Absorber wirkt dann so, als ob seine Ordnungszahl um zwei herabgesetzt sei.

Zu 5. Die *Rydberg*frequenz ist bei der *Lyman*-Serie des Wasserstoffspektrums die Grenzfrequenz. Die entsprechende Wellenlänge beträgt 91 nm, liegt also weit im ultravioletten Bereich und ist mit schulischen Mitteln nicht mehr meßbar.

Zu 6. Die Wellenlängen λ_1 und λ_2 werden in Frequenzen umgerechnet und daraus die Wurzeln gezogen: $\sqrt{f_1} = 14{,}2 \cdot 10^8\ s^{-1/2}$ und $\sqrt{f_2} = 13{,}7 \cdot 10^8\ s^{-1/2}$.

Diese Werte liefern dann mit Abb. 1 die Ordnungszahlen $Z_1 = 28$ und $Z_2 = 27$, also Nickel und Kobalt. Kobalt ($Z = 27$) hat aber eine größere Atommassenzahl (58,933) als Nickel ($Z = 28$ aber die Massenzahl 58,71). Daraus kann geschlossen werden, daß die Atommassenzahlen die Ordnung der Elemente nicht immer bestimmen. Diese „Vertauschung“ kommt auch noch bei Tellur und Jod vor.

Zu 7. Wenn die *Moseley*sche Gerade auch nur eine Näherung darstellt, so konnte man doch annehmen, daß sie keine Sprungstellen aufweist. Bei einem noch fehlenden Element wäre das aber geschehen. So konnte man sicher sein, daß z. B. zwischen Molybdän und Ruthenium sich noch Element befinden mußte. Dieses kurzlebige Isotop wurde dann durch Kernreaktionen hergestellt und deshalb Technetium genannt.

Zu 8. Die Transmissionsgesetze der *Röntgen*strahlen sind viel komplizierter als die anderer Strahlung. Bei der Wellenlänge der Absorptionskanten tritt *Röntgen*fluoreszenz auf, d. h. die Röntgenquanten regen dann die Atome des Absorbers extrem an und können deshalb nicht mehr durchgelassen werden.

Zu 9. Nur die energiereicheren *Röntgen*quanten sind dazu in der Lage, die Atome des Absorbers anzuregen. Im Gegensatz zum sichtbaren Licht treten nicht Absorptionslinien, sondern Absorptionskanten auf. *Röntgen*quanten, die energiereicher sind als diejenigen, die direkt zur Kante gehören, regen die Atome auch noch an und werden deshalb absorbiert.

Bewertungsvorschlag:

Die ersten 7 Teilaufgaben können mit je 12 Punkten und die beiden letzten mit je 8 Punkten belegt werden. Das sind zusammen 100 Punkte. Diese werden wie folgt in Noten übersetzt.

Punkte	Note	Punkte	Note
96 bis 100	1 +	56 bis 60	3–
91 bis 95	1	51 bis 55	4+
86 bis 90	1–	46 bis 50	4
81 bis 85	2+	41 bis 45	4–
76 bis 80	2	34 bis 40	5+
71 bis 75	2–	27 bis 33	5
66 bis 70	3+	20 bis 26	5–
61 bis 65	3	unter 20	6

Diese Aufgabe ist für eine 4 bis 5stündige Leistungskurs-Klausur erprobt worden. c

In einer Grundkurs-Klausur müßte sie wegen der kürzeren Arbeitszeit, maximal 3 Stunden, entsprechend gekürzt werden. So kann z. B. Teilaufgabe 6 entfallen. Da bei der Auswertung nur elementare Rechnungen verlangt werden, kann diese Aufgabe bei entsprechender Vorbereitung durchaus auch in einem Grundkurs gestellt werden. Der Bewertungsschlüssel müßte dann entsprechend umgerechnet werden.

H. Brockmeyer, Höxter

OStR. *Heinrich Brockmeyer*
3470 Höxter

Absolute Bestimmung des Gitterebenenabstandes von LiF

Die Aufgaben:

1. Beschreiben Sie den Aufbau und die Durchführung des Versuchs!

2. Erklären Sie die Beugung von *Röntgen*strahlen an Kristallen und leiten Sie die *Bragg*sche Interferenzbindung her!

3. Mit Hilfe eines Schulröntgengerätes wurden für den Anfang des Bremsspektrums folgende Werte gemessen:

Braggscher Winkel β	8°	9°	10,3°
Anodenspannung U_A (kV)	22,1	19,7	17,5

Berechnen Sie mit Hilfe der Gleichungen $U_A \cdot e = h \cdot f$ und $c = \lambda \cdot f$ die zugehörigen Wellenlängen!
(Mit $e = 1{,}6 \cdot 10^{-19}$ As; $h = 6{,}63 \cdot 10^{-34}$ Js und $c = 3 \cdot 10^8$ m/s)

4. Berechnen Sie mit Hilfe der *Bragg*schen Beziehung $\lambda = 2\,d \cdot \sin\beta$ den Gitterebenenabstand d von LiF!

5. Bei diesem Versuch wurden die Winkel 9° und 10,3° deshalb gewählt, weil unter diesen Winkeln die charakteristische K_β- und K_α-Strahlung des Molybdäns reflektiert wird. Bei einem NaCl-Einkristall beträgt der *Bragg*sche Winkel für die K_α-Strahlung 7,2°. Bestimmen Sie damit den Gitterebenenabstand von NaCl.

6. Geben Sie einen Lösungsweg an, wie man mit Kenntnis der Gitterkonstanten und des Kristallsystems die *Avogadro*sche Zahl bestimmen kann.

OStR. *Heinrich Brockmeyer*
3470 Höxter

L ö s u n g s b l a t t und B e w e r t u n g s v o r s c h l a g: Rohpunkte

1. Der Versuchsaufbau kann mit Hilfe von Skizzen veranschaulicht werden. Dieser Versuch wurde in PRAXIS 1969/S. 294 und 295 beschrieben. Dabei wurde das *Planck*sche Wirkungsquantum bestimmt. Bei Kenntnis von h kann nun die Gitterkonstante absolut bestimmt werden. 20

2. Die Interferenzbedingung wird mit Hilfe einer Skizze hergeleitet: $\lambda = 2\,d \cdot \sin \beta$. 15

3. Die Wellenlängen errechnen sich aus $\lambda = h \cdot c / U_A \cdot e$

Braggscher Winkel β	8°	9°	10,3°
Wellenlänge λ in pm	56,3	63,0	71,0

20

4. Gitterebenenabstand pm 202 201 199 15

5. Aus $d = \lambda/2 \cdot \sin \beta$ folgt $d = 283$ pm. 10

6. Nimmt man ein kubisches Kristallsystem an und kennt die Gitterkonstante, dann braucht man nur noch das Molvolumen zu berechnen und man stellt fest, wie oft eine Elementarzelle im Molvolumen enthalten ist. Um das Molvolumen zu bestimmen, muß man die Dichte und die Molmasse kennen. 20

100

Die Messungen wurden mit dem Schulröntgengerät von LEYBOLD gemacht. Steht das Gerät von der PHYWE zur Verfügung, welches eine Kupferanode hat, so ergeben sich für die K_α-Strahlung ein Winkel von 22,5° und für die K_β-Strahlung ein Winkel von 20,2°.

Die Meßgenauigkeit ist also bei diesem Gerät doppelt so gut. Es müßten dann folgende Meßwerte angegeben werden:

Braggscher Winkel β	10°	15°	20,2°	22,5°
Anodenspannung U_a in kV	17,8	12,0	8,9	8,0

An mathematischen Fähigkeiten wird bei dieser Aufgabe lediglich das Rechnen mit Größengleichungen verlangt und ist somit für einen Grundkurs geeignet.

Auf die Punkte wird der bekannte Notenschlüssel angewandt:

0 % 50 % 100 %

6	5−	5	5+	4−	4	4+	3−	3	3+	2−	2	2+	1−	1	1+

H. Brockmeyer, Höxter

StD. Dr. *Ernst Herrmann*
5200 Siegburg

Die Beugung von Elektronen an Graphit

Die Aufgaben:

(Anmerkung zum Versuch: In der vorgeführten „Elektronenbeugungsröhre“ befindet sich auf einem Trägernetz eine dünne Schicht Graphitpulver, das aus vielen Einzelkristallen besteht. Die Schicht wird senkrecht von einem gebündelten Elektronenstrahl getroffen, der ähnlich wie beim Fadenstrahlrohr einer „Elektronenkanone“ entspringt, die im wesentlichen aus einer Kathode K und einer durchbohrten Anode A besteht. Zwischen K A liegt eine variable Beschleunigungsspannung U_b.)

1. Beschreiben Sie die Beobachtungen, die Sie auf dem Schirm der Röhre machen können!

2. Für *Debye-Scherrer*-Diagramme gilt die Gleichung

   (1) $$r = \frac{\mathrm{L}\, n\, \lambda}{d} .$$

   r = Radius eines Interferenzringes des Diagramms. L = Abstand zwischen Kristallpulver und Schirm. λ = Wellenlänge der verwendeten Strahlung. n = Ordnung des Ringes. d = Netzebenenabstand. Leiten Sie die Gleichung (1) aus der *Bragg*schen Bedingung her! Für kleine Glanzwinkel ist die Gleichsetzung $\tan 2\varphi = \sin 2\varphi = 2 \sin \varphi$ erlaubt.

3. Zeigen Sie, daß der innere Ring (Radius r_1) und der äußere Ring (Radius r_2) nicht als erstes und zweites Maximum der *Bragg*schen Reflexion an der gleichen Netzebenenschar gedeutet werden können! Welchen Schluß können Sie daraus über die Ordnung der beiden Interferenzringe ziehen?

   Rechnen Sie mit den gemessenen Werten r_1 = 1,1 cm und r_2 = 1,9 cm!

4. Untersuchungen mit *Röntgen*licht haben ergeben, daß die beiden größten Abstände für parallele Netzebenenscharen beim Graphit d_1 = 0,213 nm und d_2 = 0,123 nm betragen. Zeigen Sie, daß diese Abstände nicht mit der Annahme verträglich sind, daß die C-Atome des Graphits Eckpunkte eines kubischen Raumgitters sind. Der Nachweis soll auf zwei Arten geführt werden! Bei der einen Art benötigen Sie folgende Angaben: Die Dichte von Graphit beträgt 2,24 g/cm^3; die *Avogadro*konstante lautet N_A = 6,023 10^{23} mol^{-1}; die relative Atommasse von Kohlenstoff kann mit 12 angenommen werden.

5. Wenn der vorgeführte Versuch statt mit einem Elektronenstrahl mit einer „*Röntgen*lichtkanone“ ausgeführt wird, so erhält man auf dem Schirm ebenfalls zwei konzentrische Ringe. Welche Wellenlänge muß das *Röntgen*licht besitzen, damit man die glei-

chen Ringradien r_1 = 1,1 cm und r_2 = 1,9 cm erhält? Der Abstand zwischen Graphit und Schirm beträgt L = 0,135 m. Der Einfachheit halber kann der gekrümmte Schirm als eben angenommen werden.

6. Der demonstrierte Versuch liefert eine Bestätigung der Hypothese von *De Broglie*. Erläutern Sie die Hypothese! Leiten Sie dann für die *De Broglie*-Wellenlänge der Elektronen die Gleichung

$$\lambda = \frac{h}{\sqrt{2\,m\,e\,U_b}}$$

her! Zeigen Sie, daß mit den Meßwerten U_b = 5 kV; r_1 = 1,1 cm; r_2 = 1,9 cm eine Bestätigung der Hypothese möglich ist!

7. Die Spannung U_b wird als variabel betrachtet. Es soll eine Gleichung entwickelt werden, die die Abhängigkeit des Ringradius r von d und U_b angibt! Erklären Sie dann, warum die Ringradien bei wachsender Spannung U_b kleiner werden! Wie groß wären sie bei U_b = 10 kV?

StD. Dr. *Ernst Herrmann*
5200 Siegburg

D i e L ö s u n g e n :

Zu 1. Auf dem Schirm werden zwei helle konzentrische Ringe beobachtet, deren Radien mit wachsender Spannung kleiner werden. Außerdem nimmt dann die Helligkeit der Ringe zu.

Zu 2. Aus der *Bragg*schen Bedingung $2\,d \sin\varphi = n\,\lambda$ und wegen $\tan 2\varphi = \frac{r}{L}$ folgt mit der Näherung $\tan 2\varphi \approx 2 \sin\varphi$ die Behauptung (Abb. 1)

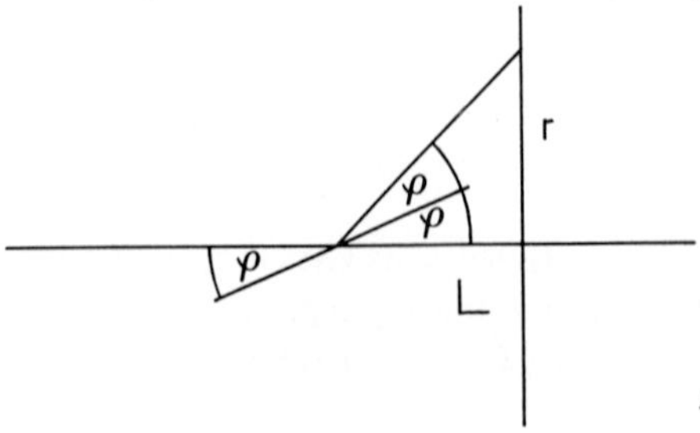

$$r = \frac{L \cdot n \cdot \lambda}{d}\,.$$

Abb. 1

Zu 3. Aus $r_1 = \frac{L \cdot 1 . \lambda}{d}$ und $r_2 = \frac{L \cdot 2 \cdot \lambda}{d}$ würde $\frac{r_1}{r_2} = \frac{1}{2}$ folgen. Es ist aber $\frac{1{,}1}{1{,}9} \neq \frac{1}{2}$.
Die beiden Ringe sind also von erster Ordnung und an zwei verschiedenen Netzebenenscharen entstanden.

Zu 4. Zwei Wege sind möglich, die Falsifikationen darstellen:

a) Aus der Gleichung $d = \sqrt[3]{\frac{12\ \text{g/mol}^{-1}}{2{,}24\ \text{g/cm}^3 \cdot 6{,}023 \cdot 10^{+23}\ \text{mol}^{-1}}}$

folgt $d = 0{,}207$ nm, wenn eine kubische Struktur vorläge. Es ist aber $d = d_1 = 0{,}213$ nm für den größten Netzebenenabstand.

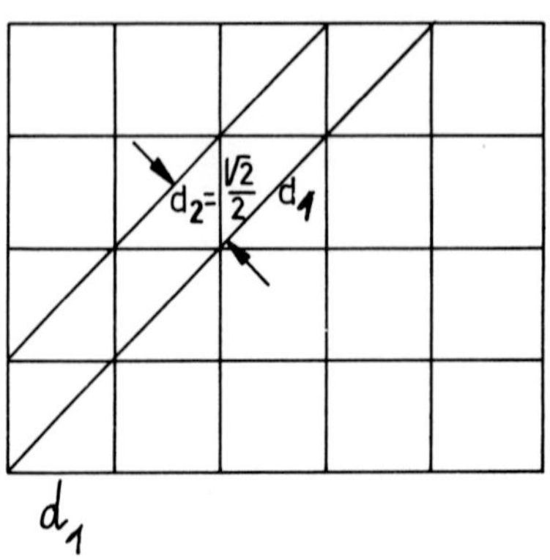

Abb. 2

b) Aus Abb. 2 folgt, wenn d_1 bei Annahme einer kubischen Struktur der größte Abstand zweier benachbarter Netzebenen ist, daß dann $d_2 = \frac{\sqrt{2}}{2} d_1$ der nächstkleinere Abstand sein muß. Es ist aber $\frac{0{,}123}{0{,}213} = 0{,}58 \neq \frac{\sqrt{2}}{2}$.

Zu 5. Aus $1{,}1 \text{ cm} = \frac{0{,}135 \text{ m} \cdot \lambda}{0{,}213 \text{ nm}}$ und $1{,}9 \text{ cm} = \frac{0{,}135 \cdot \lambda}{0{,}123 \text{ nm}}$ folgt $\lambda = 0{,}0174$ nm bzw. $\lambda = 0{,}0173$ nm.

Zu 6. Es wird eine Erläuterung erwartet, die auch den historischen Aspekt berücksichtigt. Die Darstellung soll die Bedeutung der Materiewellen für die Quantenphysik einbeziehen.

Aus $e\,U_b = \frac{1}{2} m\,v^2 \Rightarrow v = \sqrt{\frac{2\,e\,U_b}{m}}$.

Mit $\lambda = \frac{h}{m\,v}$ folgt dann die Behauptung $\lambda = \frac{h}{\sqrt{2\,e\,m\,U_b}}$.

Mit $U_b = 5$ kV ergibt sich $\lambda = 0{,}0174$ nm.

Wesentlich ist der Hinweis, daß der in 6) gefundene Wert für die *De Broglie*-Wellenlänge mit den in 5) bestimmten Wellenlängen gut übereinstimmt. Erst dadurch wird die Hypothese verifiziert.

Zu 7. Die Gleichung $r = \frac{L\,h}{d\sqrt{2\,e\,m\,U_b}}$

ist herzuleiten. Mit steigendem U_b nimmt r ab. Für $U_b = 10$ kV findet man $r_1 = 0{,}78$ cm und $r_2 = 1{,}34$ cm. Multiplikation mit $1/\sqrt{2}$!

Physikalisches Wissen:

Elektronen im elektrischen Feld, Untersuchung von kubischen Kristallen mit *Röntgen*licht nach der Drehkristallmethode, *Bragg*sche Bedingung, Auswertung eines *Debye-Scherer*-Diagramms für kubische Kristalle, Materiewelle und Wellenlänge $\lambda = h/mv$ im Zusammenhang mit der Begründung der 2. *Bohr*schen Bedingung $2\pi\, r\, m\, v = n\, h$ durch *De Broglie*, Geschichte des Versuchs von *Davisson* und *Germer*.
Die Kristallstruktur des Graphits und die Beugungsröhre sind den Schülern nicht bekannt.

Leistungsanforderungen:

Die Aufgaben 1., 2. und die Erläuterung der *De Broglie*-Hypothese in 6. sind reproduktiv, weil im Unterricht behandelte Sachverhalte wiedergegeben werden müssen. In den Teil-

StD. Dr. *Ernst Herrmann*
5200 Siegburg

aufgaben 3.–7. werden Transferleistungen erwartet, weil ein im Unterricht nicht behandelter Sachverhalt, nämlich die Beugung von Elektronen und *Röntgen*licht an Graphit, in seiner Ähnlichkeit zu bekannten Tatsachen gesehen werden muß.

Bewertungsvorschlag:

Aufgabe:	1.	2.	3.	4.	5.	6.	7.	
Rohpunkte:	4	4	6	8	6	14	10	= 52

Bewertungsschlüssel:

Rohpunkte	52–50	49–47	46–45	44–42	41–39	38–37	36–34	33–31	30–29
Punkte	15	14	13	12	11	10	9	8	7
Note		1			2			3	

Rohpunkte	28–27	26–24	23–22	21–19	18–15	14–11	10
Punkte	6	5	4	3	2	1	0
Note		4			5		6

Dr. *Ernst Herrmann,* Siegburg

OStR. *Heinrich Brockmeyer*
3470 Höxter

Das Wellenbild des Elektrons

Die Aufgaben:

1. Beschreiben Sie den Versuch zur Elektronenbeugung!

2. Leiten Sie die Gleichung für die *De Broglie*-Wellenlänge eines Elektrons her, dessen Geschwindigkeit wesentlich kleiner als die der Lichtgeschwindigkeit ist ($\lambda = h/m_0 v$)

3. Wie groß ist die *De Broglie*-Wellenlänge eines Elektrons, welches mit einer Spannung von 3000 Volt beschleunigt wird? (Es gilt: $U \cdot e = \frac{1}{2}\, m_0 v^2$).

   Wie groß ist dabei die Geschwindigkeit des Elektrons?

   Wieviel Prozent der Lichtgeschwindigkeit sind das?

   Welchem Wellenlängenbereich des elektromagnetischen Spektrums entspricht die Wellenlänge des Elektrons?

4. Ein Elektron soll sich mit gleichbleibendem v längs der x-Achse zwischen zwei reflektierenden Wänden mit dem Abstand *a* hin- und herbewegen und stehende Welle bilden.
   Zeigen Sie, daß sich für die Wellenlängen folgende Beziehung ergibt: $\lambda_n = 2a/n$, n = 1, 2, 3, . . .

   Berechnen Sie λ_1, λ_2 und λ_3, wobei a = 53 pm beträgt!

   Fertigen Sie dazu eine Zeichnung an!

5. Zeigen Sie, daß sich unter Berücksichtigung der Energie des bewegten Elektrons $W_e = \frac{1}{2} m_e v^2$, der *De Broglie*-Wellenlänge und der Beziehung für λ_n folgende Gleichung ergibt: $W_e = h^2 n^2 / 8 \cdot m_e \cdot a^2$.

   Berechnen Sie die Energien für n = 1, n = 2, n = 3 und n = 4, wenn *a* 53 pm beträgt!

6. Berechnen Sie alle möglichen Energiedifferenzen $W_4 - W_3$; $W_4 - W_2$ usw. in W_1 und zeichnen Sie dazu ein Schema.

   Diese Energiedifferenzen sind als Photonenenergien hf aufzufassen und die zugehörigen Wellenlängen zu berechnen. (Aus $c = \lambda f$)

7. Wenden Sie obige Überlegungen auf Kreisbahnen an, und zeigen Sie, daß damit das 1. *Bohr*sche Postulat eine sinnvolle Deutung erfährt.

8. Übertragen Sie obigen Grundgedanken auf dreidimensionale Elektronenwellen im Atom.

OStR. *Heinrich Brockmeyer*
3470 Höxter

L ö s u n g s - und B e w e r t u n g s v o r s c h l a g :

1. Beim Versuch mit dem Elektronenbeugungsrohr werden auf einem Leuchtschirm konzentrische Beugungsringe beobachtet, deren Radien der Beschleunigungsspannung umgekehrt proportional sind. Mit Hilfe eines Magneten kann gezeigt werden, daß es sich dabei um Elektronenstrahlen handelt. Die Beugungsringe entsprechen dem *Debye-Scherrer*-Diagramm bei *Röntgen*strahlen. 10

2. Da die Elektronengeschwindigkeit wesentlich kleiner als die Lichtgeschwindigkeit sein soll, kann auf eine relativistische Herleitung verzichtet werden. Unter der Annahme daß auch für Elektronen $W = hf$ gelten soll, $W = m_0 c^2$ und $c = \lambda f$ folgt: $\lambda = h/m_0 \mathrm{v}$. 10

3. Es ist $\lambda = h/(2\,Uem_0)^{1/2} = 22{,}4$ pm.

   und $\mathrm{v} = (2\,Ue/m_0)^{1/2} = 3{,}25 \cdot 10^7$ m/s, das sind 10,8 % der Lichtgeschwindigkeit. Die relativistische Rechnung liefert einen um 1/2 % kleineren Wert. 22,4 pm entsprechen schon harten *Röntgen*strahlen mit einer Energie von 55 keV. 15

4. Aus Abb. 1 kann direkt abgelesen werden, daß $a = \mathrm{n} \cdot \lambda_n/2$ ist, oder $\lambda_n = 2a/\mathrm{n}$.

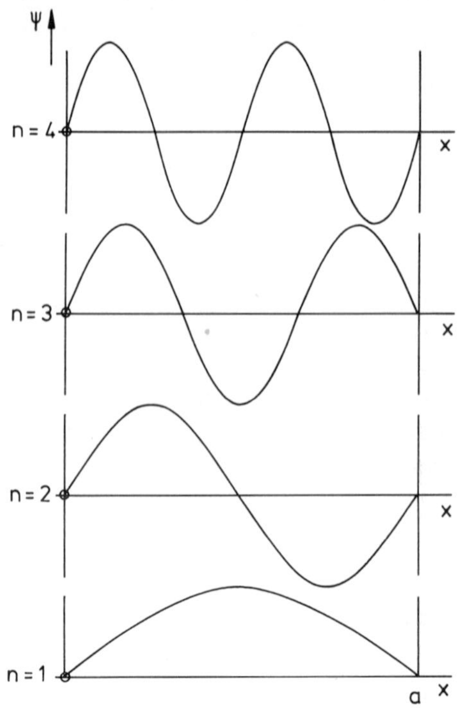

Abb. 1

OStR. *Heinrich Brockmeyer*
3470 Höxter

Das Gleiche folgt aus der Gleichung für stehende Wellen, $\psi = A \cdot \sin(2\,k\,x/d)\,\cos(2\,\pi\,ft)$, wenn man nur die Lage der Knoten und Bäuche beachtet.

$\lambda_1 = 106$ pm, $\lambda_2 = 53$ pm und $\lambda_3 = 35{,}3$ pm. 12

5. Die Eigenwerte des Reflexionsoszillators sind: $W_1 = h^2/8\,m_0a^2 = 21{,}5 \cdot 10^{-18}$ J, $W_2 = 4\,W_1 = 86 \cdot 10^{-18}$ J; $W_3 = 9\,W_1 = 193 \cdot 10^{-18}$ J und $W_4 = 16\,W_1 = 345 \cdot 10^{-18}$ J 12

6. $W_4 - W_3 = 16\,W_1 - 9\,W_1 = 7\,W_1$; $W_4 - W_2 = 16\,W_1 - 4\,W_1 = 12\,W_1$; $W_4 - W_1 = 15\,W_1$; $W_3 - W_2 = 5\,W_1$; $W_3 - W_1 = 8\,W_1$ u. $W_2 - W_1 = 3\,W_1$

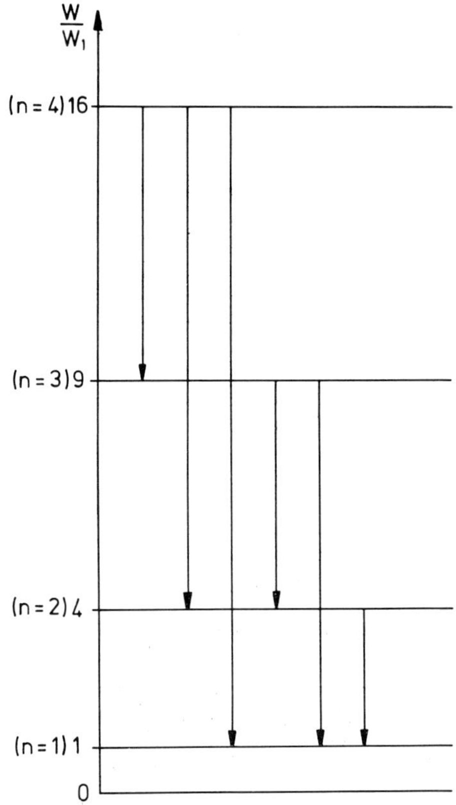

Abb. 2

Aus $W = hc/\lambda$ folgt $\lambda = hc/W$

$\lambda_{43} = hc/7\,W_1 = 1{,}32$ nm

$\lambda_{42} = 0{,}77$ nm und $\lambda_{41} = 0{,}62$ nm

$\lambda_{32} = 1{,}85$ nm, $\lambda_{31} = 1{,}17$ nm und $\lambda_{21} = 3{,}1$ nm

Strahlung dieser Wellenlängen liegt im UV-Bereich. 16

7. Eine Kreisbahn muß n Wellenlängen enthalten, weil es sonst zu Auslöschungen käme: $2\,\pi\, r_n = \mathrm{n}\,\lambda$. Wird für λ die *De Broglie*-Wellenlänge eingesetzt, so folgt: $2\,\pi\, r_n = \mathrm{n}h/m_0\mathrm{v}$ oder $2\,\pi \cdot m_0 \mathrm{v} r_\mathrm{n} = \mathrm{n}h$ (1. *Bohr*sches Postulat) 10

8. So wie bei der eindimensionalen Betrachtung Schwingungsknoten vorliegen,ergeben sich bei zweidimensionalen stehenden Wellen Knotenlinien (z. B. *Chladni*sche Klangfiguren). Bei dreidimensionalen stehenden Wellen treten dann Knotenflächen wie Kugeln, Ebenen, Doppelkegel usw. auf. 15

100

Diese Aufgabe ist für einen Grundkurs geeignet, weil nur elementare Rechnungen vorausgesetzt werden. Die Elektronenbeugung, De Broglie-Wellenlänge und Photonenenergie sollten auch im Grundkurs bekannt sein.
Die Punkte werden nach bekanntem Schlüssel in Noten übersetzt.

H. Brockmeyer, Höxter

Das Orbitalmodell des 1s- und 2s-Elektrons

Die Aufgaben:

1. Zeigen Sie, daß man, wenn man die beim eindimensionalen Reflexionsoszillator gefundene Gleichung $\psi = A \cdot \sin(2\pi x/\lambda)$ zweimal nach x differenziert, die Wellengleichung für eindimensionale Wellen in Richtung der x-Achse erhält!

   $(d^2\psi/dx^2 + (2\pi/\lambda)^2\psi = 0)$

2. Für dreidimensionale Wellen und unter Berücksichtigung, daß das Elektron im Atom den Einwirkungen des Kernfeldes unterliegt, folgt die *Schrödinger*-Wellengleichung. Daraus folgt für ein im Grundzustand befindliches Elektron des Wasserstoffatoms die Wahrscheinlichkeitsdichtefunktion:

   $\psi^2(r) = (1/\pi a^3) \cdot e^{-2r/a}$

   r ist dabei die Entfernung des Elektrons vom Atommittelpunkt und a der *Bohr*sche Radius mit 53 pm.

   Tragen Sie über r/a die $\psi^2(r)$-Werte auf und diskutieren Sie die Funktion physikalisch!

3. Nach der Interpretation von *Born* folgt nun für die Aufenthaltswahrscheinlichkeit eines 1s-Elektrons:

   $w(r) = (4r^2/a^3) \cdot e^{-2r/a}$.

   Tragen Sie in einem weiteren Diagramm über r/a die $w(r)$-Werte auf und geben Sie der Funktion eine physikalische Deutung! Für welches r ist $w(r)$ maximal?

   Welche Übereinstimmung liegt mit dem *Bohr*schen Atommodell vor?

4. Vergleichen Sie die Deutungen der Teilaufgaben 2 und 3 miteinander!

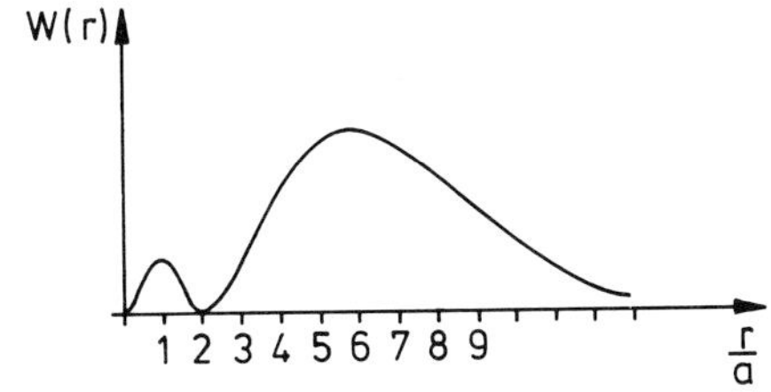

Abb. 1

5. Abb. 1 gibt die radiale Aufenthaltswahrscheinlichkeit für den 2s Zustand (l = 0, m = 0 und n = 2) eines Elektrons wieder. Interpretieren Sie diese Abbildung mit Hilfe des *Bohr*schen Orbitalmodells, insbesondere für r/a = 1, 2 und 4!

   Zeichnen Sie mit Hilfe von verschieden starken Schattierungen das Bild eines zentralen Schnittes dieses Orbitalmodells!

OStR. *Heinrich Brockmeyer*
3470 Höxter

Lösungs- und Bewertungsvorschlag:

Punkte

1. $d^2 \psi / dx^2 = -(2\pi/\lambda)^2 A \cdot \sin(2\pi/\lambda) = -(2\pi/\lambda)^2 \cdot \psi$ 15

2. Diagramm vergl. Abb. 2 8

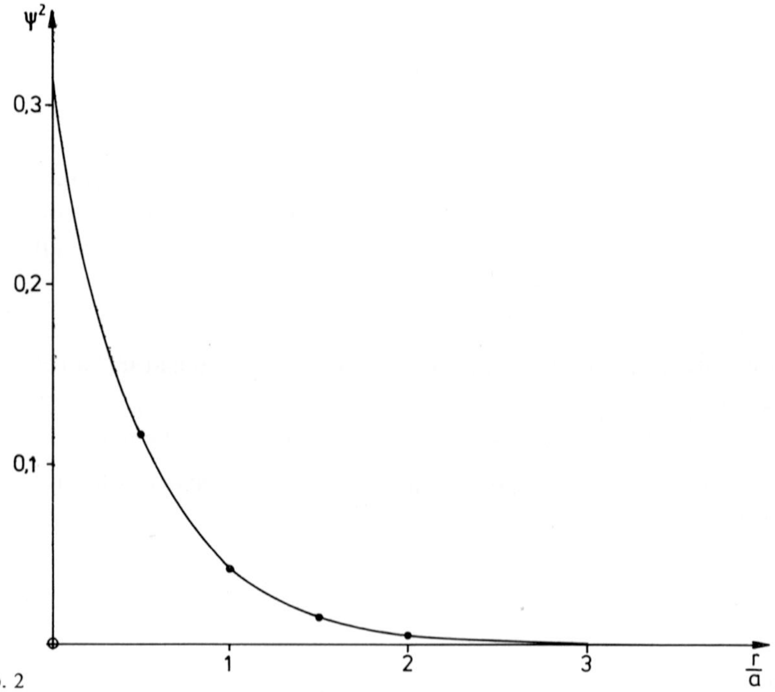

Abb. 2

In der Mitte des Atoms ist die Wahrscheinlichkeitsdichte am größten. Die Dichte des kugelsymmetrischen Gebildes nimmt von innen nach außen exponentiell ab. Es existieren keine Knotenflächen. Die Wahrscheinlichkeitsdichte ist aber nicht als Aufenthaltswahrscheinlichkeit aufzufassen. 10

3. Diagramm von der realen Aufenthaltswahrscheinlichkeit siehe Abb. 3. 12
Um die Aufenthaltswahrscheinlichkeit eines Elektrons im Volumenelement ΔV zu erhalten, zum Beispiel für eine Kugelschale mit dem Radius r und der Dicke Δr, wird ΔV mit der Wahrscheinlichkeitsdichtefunktion multipliziert. Aus dem Diagramm ist zu ersehen, daß $w(0) = 0$ ist und daß an der Stelle $r = a$ ein Maximum vorliegt. Das ergibt auch die Rechnung. Die Aufenthaltswahrscheinlichkeit für ein Elektron im Grundzustand ist für $r = a$, dem *Bohr*schen Radius des Wasserstoffatoms am größten. Hiermit haben wir eine Übereinstimmung mit dem *Bohr*schen Atommodell. 16

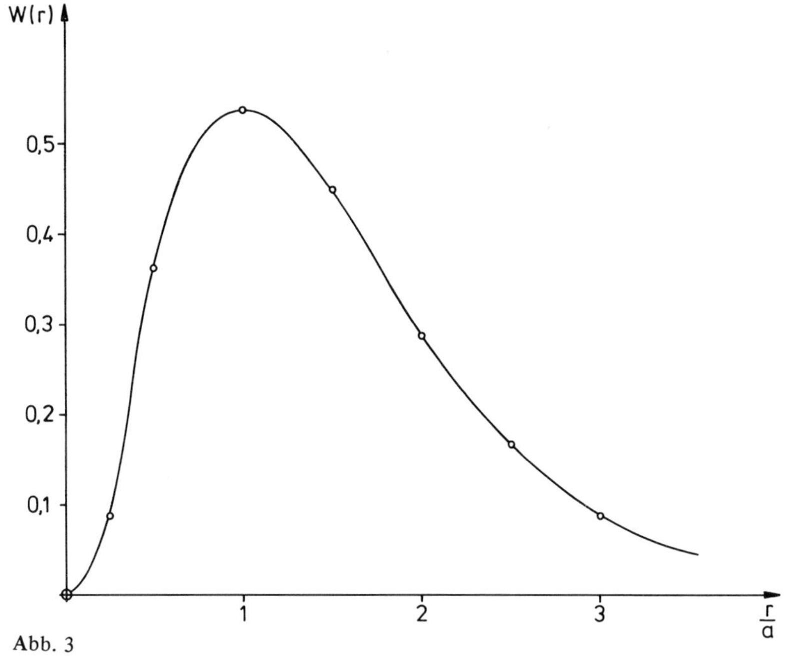

Abb. 3

4. Bei der Deutung der Wahrscheinlichkeitsdichtefunktion spricht man von sich wandelnden Ladungswolken. Das ist nicht so anschaulich wie die Deutung der Aufenthaltswahrscheinlichkeit als Orbital, d. h. einem nicht scharf begrenzten Aufenthaltsraum des Elektrons als nahezu punktförmiges Gebilde in der Atomhülle. 15

5. Auch hier liegt ein kugelsymmetrisches Gebilde vor mit einer inneren Kugel, die bei $r \approx a$ eine maximale Aufenthaltswahrscheinlichkeit hat, und durch eine kugelförmige Knotenfläche mit dem Radius $r = 2a$ mit $w(2a) = 0$ von der äußeren Kugel getrennt wird. Für $r = 4a$, dem Radius der 2. *Bohr*schen Bahn, steigt $w(r)$ stark an, hat das Maximum aber noch nicht erreicht. 16
Zeichnung 8

100

Die Aufgaben sind sowohl für einen Grund- wie Leistungskurs geeignet. Nur bei der ersten Teilaufgabe wird die Differentiation einer Sinusfunktion verlangt. Sind diese Voraussetzungen nicht erfüllt, das kann sowohl bei Schülern des Leistungskurses wie eines Grundkurses der Fall sein, muß die erste Teilaufgabe als Information umformuliert werden:

1. Wenn man die beim eindimensionalen Reflexionsoszillator gefundene Gleichung $\psi = A \cdot \sin (2 \pi x/\lambda)$ zweimal nach x differenziert, erhält man für eindimensionale Wellen in Richtung der x-Achse die Wellengleichung: $d^2 \psi/dx^2 + (2 \pi/\lambda)^2 \psi = 0$.

   Für dreidimensionale Wellen . . . ..

D. h. die 2. Teilaufgabe geht in die erste über usw. . . . .
Das Maximum in Teilaufgabe 3 kann aus dem Diagramm abgelesen werden.

Wenn im Physik-Kursunterricht schon weitgehend auf eine mathematische Durchdringung verzichtet werden muß, sollte vom Schüler aber doch wenigstens eine physikalisch richtige Deutung von Diagrammen usw. verlangt werden. Bei der Deutung der Diagramme in den Teilaufgaben 2. und 3. muß der Schüler auf jeden Fall die radialen Verteilungen als Kugeln deuten und nicht, wie es häufig geschieht, als Rotationskörper, die man erhält, wenn die Kurve um eine Achse rotiert.

Die erzielten Punkte werden nach bekanntem Schlüssel in Noten umgewandelt.

H. Brockmeyer, Höxter

OStR. *Heinrich Brockmeyer*
3470 Höxter

Die Elektronenbeugung

Die Aufgaben:

1. Beschreiben Sie Versuchsaufbau und -ablauf bei der Elektronenbeugung. Wie verän-ern sich die Radien der Beugungsringe beim Erhöhen der Beschleunigungsspannung?

   Deuten Sie qualitativ diesen Vorgang.

2. Beschreiben Sie die Theorie der Materiewellen und leiten Sie die Gleichung für die *De Broglie*-Wellenlänge her. ($\lambda = h/\sqrt{2 \cdot e \cdot m \cdot U}$)

3. Wie groß sind die *De Broglie*-Wellenlängen bei Beschleunigungsspannungen von 3 kV und 5 kV?

4. Erklären Sie die *Bragg*sche Reflexion und leiten Sie die *Bragg*-Beziehung für Interferenz her. ($\lambda = 2\,d \cdot \sin\beta$)

5. Bei einer Beschleunigungsspannung von 5 kV werden bei dem Elektronenbeugungsversuch *Bragg*sche Winkel von $\beta_{1,5} = 2{,}3°$ und $\beta_{2,5} = 4{,}1°$ und bei einer Spannung von 3 kV Winkel von $\beta_{1,3} = 3{,}0°$ und $\beta_{2,3} = 5{,}2°$ gemessen.

   Berechnen Sie daraus und mit Hilfe obiger Gleichungen die Gitterkonstanten des Graphits d_1 und d_2.

6. Berechnen Sie die *Bragg*schen Winkel β_1 und β_2 bei einem *Debye-Scherrer*-Diagramm von Graphit, wenn die charakteristische *Röntgen*strahlung eine Wellenlänge von λ = 71 pm hat.

7. Welche Beschleunigungsspannung ist bei der Elektronenbeugung dazu erforderlich, um eine *De Broglie*-Wellenlänge von λ = 71 pm zu erhalten?

8. Welche Anodenspannung ist mindestens dazu erforderlich, um eine *Röntgen*strahlung mit einer Wellenlänge von λ = 71 pm zu erzeugen? Vergleichen Sie diese Spannung mit der von Teilaufgabe 7.

9. Weshalb sind bei diesem Versuch die Beugungsringe so unscharf?

10. Sie hatten bisher das Elektron als geladenes Teilchen kennengelernt. Bei diesem Elektronenbeugungsversuch schreibt man ihm auch Wellencharakter zu. Was folgern Sie daraus?

OStR. *Heinrich Brockmeyer*
3470 Höxter

D i e L ö s u n g e n :

Zu 1. Der Versuchsaufbau kann mit Hilfe einer Zeichnung erklärt werden. Beim Erhöhen der Beschleunigungsspannung bis zu 5 kV werden die Radien der Beugungsringe auf dem Leuchtschirm immer kleiner. Da Winkel $\beta \sim \lambda$ folgt $\lambda \sim 1/U$.

Zu 2. Die Theorie der Materiewellen wird erläutert, und aus den von *De Broglie* gemachten Annahmen und den Beziehungen $E = h \cdot f$, $p = h \cdot f/c$ und der Gleichung $c = \lambda \cdot f$ folgt $p = h/\lambda$ und aus $e \cdot U = 1/2\ m \cdot v^2 = p^2/2\,m$ folgt $\lambda = h/\sqrt{2 \cdot m \cdot e \cdot U}$, die Gleichung für die *De Broglie*-Wellenlänge.

Zu 3. Einsetzen aller Größen in obige Gleichung ergibt für 5 kV eine Wellenlänge von 17,3 pm und für 3 kV eine Wellenlänge von 22,4 pm.

Zu 4. Mit Hilfe der Zeichnung eines zweidimensionalen Punktgitters wird entweder, wie in den Lehrbüchern üblich, von „spiegelnden" Netzebenen ausgegangen oder von den *Laue*-Gleichungen, aus denen sich dann die *Bragg*sche Reflexionsbedingung ergibt: $n \cdot \lambda = 2\,d \cdot \sin \beta$.

Zu 5. Mit Hilfe der *Bragg*schen Beziehung errechnet sich bei 5 kV für $d_1 = 216$ pm und für $d_2 = 121$ pm, bei 3 kV für $d_1 = 215$ pm und für $d_2 = 124$ pm.

Zu 6. Mit Hilfe der *Bragg*schen Beziehung und den unter 5. gefundenen Gitterkonstanten errechnet sich für $\beta_1 = 9{,}5°$ und für $\beta_2 = 16{,}9°$. Diese *Bragg*schen Winkel ergeben sich auch aus einem mit *Röntgen*strahlen mit einer Wellenlänge von 71 pm gemachten *Debye-Scherrer*-Diagramm.

Zu 7. Die Gleichung für die *De Broglie*-Wellenlänge wird nach U_B aufgelöst und die bekannten Größen eingesetzt. Es ergibt sich eine Beschleunigungsspannung von 300 V.

Zu 8. Aus der Beziehung $U_A \cdot e = h \cdot c/\lambda$ errechnet sich eine Anodenspannung von 17,4 kV. $U_A : U_B = 0{,}3 : 17{,}4 = 1 : 56$.

Zu 9. Der Schüler kann zunächst vermuten, daß die Beschleunigungsspannung nicht gut geglättet ist. Wenn aber in der Wellenoptik die Beugung vom Einfachspalt bis zum Gitter ausführlich behandelt wurde und er auch über das Auflösungsvermögen erfahren hat und er außerdem weiß, daß im Elektronenbeugungsrohr nur eine hauchdünne Graphitfolie ist, so kann er sogar etwas zur Unschärferelation sagen.

Zu 10. Er kann z. B. daraus folgern, daß ein Elektron nicht mit mechanischen Methoden und Modellen beschrieben werden kann.

Bewertungsvorschlag:

		Punkte
1.1	Versuchsaufbau	4
1.2.	Versuchsablauf	4
1.3	Qualitative Deutung des Vorgangs	4
2.1.	Theorie der Materiewellen	6
2.2.	Herleitung der Gleichung für die *De Broglie*-Wellenlänge	6
3.1.	Berechnung der Wellenlänge bei 3 kV	4
3.2.	Berechnung der Wellenlänge bei 5 kV	4
4.1.	Theorie der *Bragg*schen Reflexion	6
4.2.	Herleitung der *Bragg*schen Reflexionsbedingung	6
5.1.	Berechnung der Gitterkonstanten bei 5 kV	6
5.2.	Berechnung der Gitterkonstanten bei 3 kV	6
6.1.	Berechnung des *Bragg*schen Winkels β_1	3
6.2.	Berechnung des *Bragg*schen Winkels β_2	3
7.1.	Berechnung der Beschleunigungsspannung	6
8.1.	Berechnung der Anodenspannung	4
8.2.	Vergleich der Spannungen	2
9.1.	Deutung der Unschärfe, je nach Deutung bis zu	10
10.1.	Je nach Fähigkeit zur Beurteilung und Bewertung	16
		100

Bei Rechenfehlern, fehlerhaften oder fehlenden Berechnungen werden bei der entsprechenden Teilaufgabe etwa die Hälfte der Punkte abgezogen. Die ersten acht Teilaufgaben können auch in einem Grundkurs bewältigt werden, weil meistens nur Rechnungen verlangt werden. Da bei der Abiturprüfung für den Grundkurs nur drei anstelle von fünf Arbeitsstunden eines Leistungskurses zur Verfügung stehen, ist es angemessen, im Grundkurs nur die ersten sechs Teilaufgaben zu stellen. Bei der Bewertung muß dann die oben angegebene Punktzahl noch mit 5/3 multipliziert werden, um auch auf maximal 100 Punkte zu kommen. Die von dem einzelnen Schüler erreichte Punktzahl muß dann in eine Zensur oder Note übersetzt werden: 96 bis 100 Punkte ergibt 1+, 91 bis 95 ergibt 1, 86 bis 90 ≙ 1–, 81...85 ≙ 2+ usw. . . 41...45 ≙ 4–, 34...40 ≙ 5+, 27...33 ≙ 5, 20...26 ≙ 5– und weniger als 20 Punkte ergibt eine 6, ungenügend.

H. Brockmeyer, Höxter

StD. *Walter Lassner*
4573 Löningen

Reichweite von Alpha-Teilchen

Die Aufgaben:

1. Fertigen Sie eine Skizze des Versuchsaufbaus an und beschreiben Sie die Durchführung des Versuchs.
2. Stellen Sie ein graphisches Bild zu den Meßtabellen her. (10 mm auf der optischen Bank sollen 5 cm in der Zeichnung entsprechen)
3. Formulieren und interpretieren Sie das Ergebnis.
4. Bestimmen Sie aus dem graphischen Bild die Reichweite der Alpha-Teilchen bei den beiden Präparaten.
5. Geben Sie eine Deutung für das kleinere der beiden Maxima in der Kurve für die Intensitäten bei Radium.
6. In der Kernphysik wird als Faustformel für die Energie der Alpha-Strahlen angegeben: $R = 0{,}309 \cdot E^{3/2}$, wobei R die Reichweite in cm gemessen und E die Energie in MeV gemessen bedeutet.

   Berechnen Sie daraus die Energie der auftretenden Alpha-Teilchen.
7. Vergleichen Sie die Alpha-Strahlen mit den anderen beim radioaktiven Zerfall auftretenden Strahlungsarten.
8. Welche Möglichkeit der Untersuchung der Reichweite von Alpha-Teilchen gibt es noch? Stellen Sie diese dar.

StD. *Walter Lassner*
4573 Löningen

Die Meßergebnisse:

d Einstellung des Präparates auf der Schiene (in mm)
a Ausschlag des Meßverstärkers in Sktl. (Meßbereich $3 \cdot 10^{-11}$ A)

		^{241}Am		^{226}Ra	^{241}Am
d	*a*	*a*	*d*	*a*	*a*
550	0	0	576	17,5	12,5
551	2	·	577	19,5	17
552	2,5	·	578	22	20
553	3,5	·	579	25	24
554	4,5	·	580	27,5	27
555	5,5		581	32	30
556	7		582	35	33
557	8		583	38	35
558	9		584	40	36,5
559	11		585	43	38
560	11		586	46	40
561	12		587	47,5	42
562	12,5		588	50	43,5
563	12,5		589	52	46,5
564	12,5		590	54	49
565	12,5		591	55,5	52,5
566	12,5		592	56,5	56
567	12,5	·	593	57	60
568	12,5	·	594	57	66
569	12	·	595	56	69
570	12	0,5	596	55	76
571	12	1	597	53,5	82
572	12,5	2	598	52,5	88
573	14	3	599	50	94
574	14	5,5	600	50	98
575	15,5	8,5			

StD. *Walter Lassner*
4573 Löningen

Erwartete Ergebnisse und Vorschlag zur Pnktwertung:

Punkte

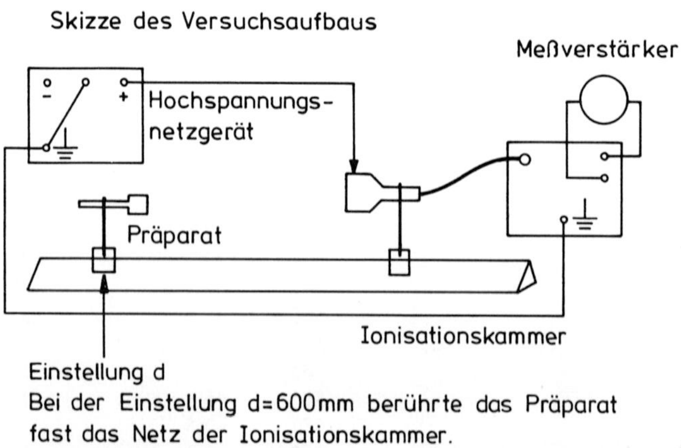

Abb. 1

1. Skizze des Aufbaus des Experimentes (Abb. 1), wobei besonderer Wert auf die Darstellung der funktionellen Zuordnung der Teile zueinander gelegt werden soll. Beschreibung von Aufbau und Wirkungsweise der Ionisationskammer. 10

2. Graphische Darstellung (Abb. 2) 8

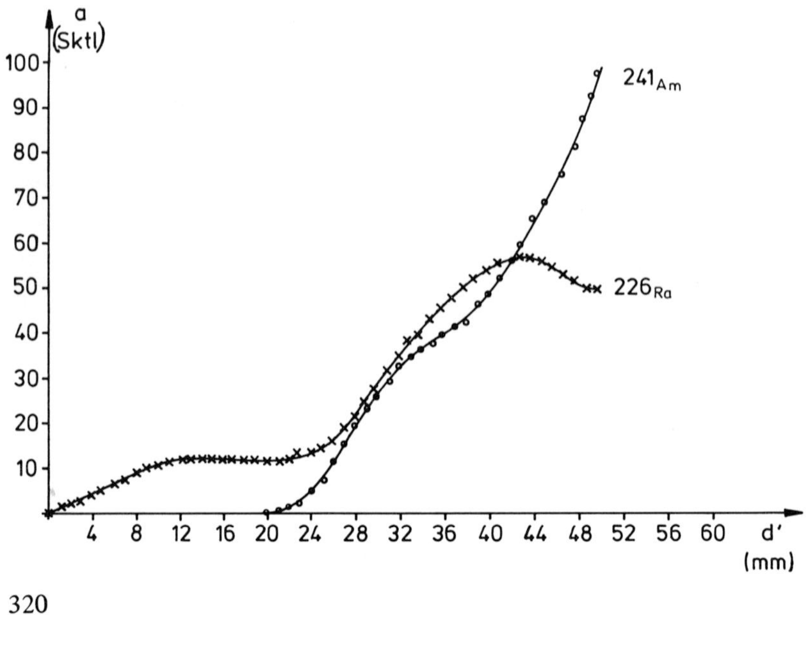

Abb. 2

3. Begründete Aussagen über die Strahlung aus der graphischen Darstellung.	6
4. Ermitteln der Reichweiten aus dem Graph. Ra 3 cm bzw. 5 cm Am 3 cm	5
5. Darstellung des Einflusses der Folgeprodukte	6
6. Berechnung der Energien E_1 = 4,55 MeV E_2 = 6,4 MeV E_3 = 4,55 MeV	2
7. Angabe der Eigenschaften der Strahlungsarten	8
8. *Wilson*sche Nebelkammer, Absorptionsverhalten	5
	50

W. Lassner, Löningen

StD. *Walter Lassner*
4573 Löningen

Beta-Spektrum

Die Aufgaben:

1. Beschreiben Sie den Aufbau und den Ablauf des Experiments.

2. Geben Sie eine physikalisch genau begründete Deutung der Vorgänge im Magnetfeld.

3. Tragen Sie für beide Versuchsdurchgänge die Zählraten r gegen die Feldstromstärke I auf.

4. In einem Vorversuch wurde die Abhängigkeit der Kraftflußdichte B von der Feldstromstärke untersucht.

   Dabei ergab sich folgende Wertetabelle:

I (A)	0,5	1	1,5	2	2,5	3	3,5	4	4,5	5
U_H(mV)	0,175	0,35	0,535	0,72	0,9	1,05	1,2	1,4	1,55	1,75

   Vervollständigen Sie diese Tabelle durch Angabe der Werte für die Kraftflußdichte B. Dabei gilt: 1 mV ≙ 100 mT.

   Bestimmen Sie aus den Meßdaten den Umrechnungsfaktor, mit dem man aus der Feldstromstärke die Kraftflußdichte berechnen kann.

   Skizzieren Sie eine mögliche Versuchsanordnung, mit der man die Abhängigkeit B von I untersuchen kann.

5. Die Geschwindigkeit der Betateilchen läßt sich entweder aus

   $v = (e/m_0) \cdot B \cdot r$ oder $v = c/\sqrt{(m_0 \cdot c/e \cdot B \cdot r)^2 + 1}$

   berechnen. Dabei ist c die Lichtgeschwindigkeit und m_0 die Ruhmasse des Elektrons.

   Berechnen Sie jeweils für den Fall der größten Zählrate die Geschwindigkeit der Betateilchen nach beiden Formeln und nehmen Sie Stellung zu den Ergebnissen.

6. Berechnen Sie aus $E_{kin} = m\,c^2 - m_0\,c^2$ die kinetische Energie in eV der Betateilchen für den Fall der größten Zählrate.

   Warum darf hier die kinetische Energie nicht nach $0{,}5\,m\,v^2$ berechnet werden?

Die Meßdaten:

I (A)	r (imp/sec) 1. Versuchsdurchgang	r (imp/sec) 2. Versuchsdurchgang
1	1	1
1,5	5,5	2,5
2	10	7
2,5	17	16
3	27	20
3,5	32	24
4	35	26,5
4,5	33	27
5	32	24,5
5,5	28	23
6	32	19
6,5	20	15,5
7	18	14
7,5	14	10,5
8	10	7,5
8,5	6	5
9	5	4

StD. *Walter Lassner*
4573 Löningen

Erwartete Ergebnisse:

1. Aufbau nach Skizze (Abb. 1).

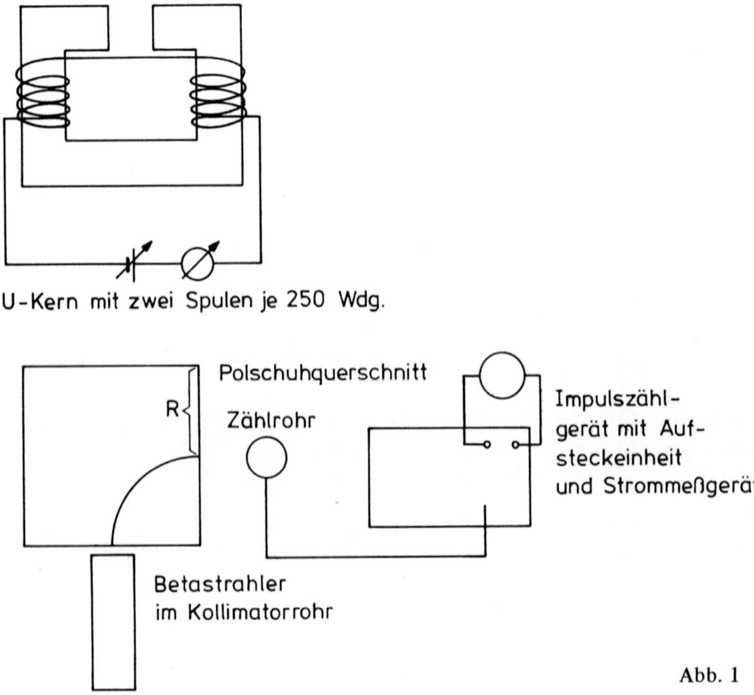

Abb. 1

Durch Änderung der Kraftflußdichte wird jeweils ein anderer Teil des Betastrahlenbündels auf das Zählrohr gelenkt.

2. Wirkung der *Lorentz*kraft.

3. Das Kurvenbild (Abb. 2) zeigt Ähnlichkeit mit dem der *Gauß*schen Normalverteilung. Da der Krümmungsradius konstant gehalten wird, andererseits v von B und B von I abhängig ist, gibt die Kurve eine Geschwindigkeitsverteilung mit Zufallscharakter wieder.

4. Man erhält $B = 3{,}5 \cdot 10^{-2}$ (T/A) $\cdot I$.

   Die Theorie der *Hall*spannung liefert die Proportionalität zwischen U_H und B.

5. Für $I_{max} = 4{,}25$ A erhält man $B = 0{,}15$ T.

   Damit wird v = $5{,}2 \cdot 10^8$ m/sec oder $\nu = 2{,}6 \cdot 10^{-8}$ m/sec.

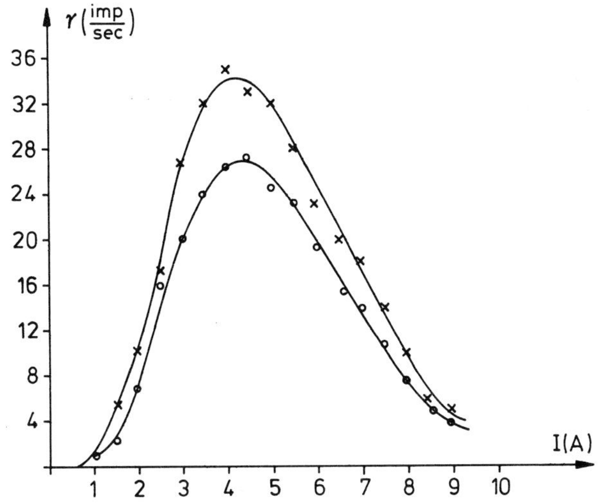

Abb. 2

Es muß die Formel verwendet werden, welche die relativistische Massenveränderlichkeit berücksichtigt.

6. $E_{kin} = 0{,}5$ MeV.

   Änderung der kinetischen Energie mit der Geschwindigkeit.

V o r s c h l a g z u r P u n k t b e w e r t u n g :

1. 4 P.; 2. 8 P.; 3. 17 P.; 4. 12 P.; 5. 12 P.; 6. 7 P.

W. Lassner, Löningen

OStR. *Heinrich Brockmeyer*
3470 Höxter

Die Durchlässigkeit von Gammastrahlen in Blei und Eisen

Die Aufgaben:

1. Beschreiben Sie Versuchsaufbau und -ablauf zur Schwächung von Gammastrahlen!

2. Nachdem von der jeweiligen Zählrate die Nulleffektsrate abgezogen wurde, ergaben sich bei einem 10-μg-Radium-Präparat und Blei als Absorber folgende Nutzraten:

Dicke mm	0	5	10	15	20	25	30	35
Impulse min	1305	1007	752	524	403	332	242	177

(Die Betastrahlung wurde dabei mit einer 1 mm dicken Bleiplatte absorbiert.)

Mit Eisen als Absorber wurden folgende Werte gemessen:

Dicke mm	0	10	20	30	30	40	50
Impulse min	1305	983	722	528	402	296	

Tragen Sie in einem Diagramm über die Dicken die jeweiligen Nutzraten auf!

Lesen Sie aus diesem Diagramm mehrfach die Halbwertsschichtdicken ab, indem Sie so oft wie möglich die Nutzraten ohne Absorber halbieren!

3. Was können Sie aus diesen Messungen folgern?

4. Welche gesetzmäßigkeit liegt bei der Schwächung der Gammastrahlen vor?

5. Tragen Sie über die Schichtdicken die natürlichen Logarithmen der Nutzraten auf! (Bzw. benutzen sie einfach-logarithmisches Papier!)

6. Bestimmen Sie jetzt auch die Halbwertsschichtdicken! Welchen Vorteil hat diese Auswertmethode?

7. Wie nutzt man die Kenntnisse über die Strahlenabschwächung beim Strahlenschutz aus?

8. Nennen Sie technische Anwendungen mit Gammastrahlen!

Lösungsblatt und Bewertungsvorschlag:

Rohpunkte

1. Je nach vorhandener Zählapparatur wird der Versuchsaufbau beschrieben. Alle notwendigen Maßnahmen bei der Versuchsdurchführung müssen aufgezählt werden. 16

2. Das Diagramm muß ordentlich gezeichnet sein und es müssen mittelnde Kurven gezogen werden. Vgl. Abb. 1.

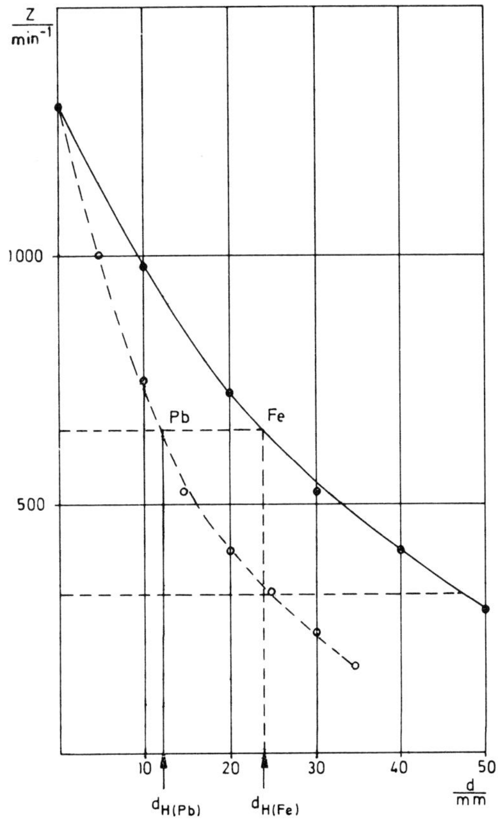

Abb. 1

Aus dem Diagramm ergeben sich Halbwertsschichtdicken für Eisen: d_H = 24 mm
für Blei: d_H = 12 mm 16

3. Diese Gammastrahlen werden von Blei fast doppelt so stark abgeschwächt wie von Eisen. 6

OStR. *Heinrich Brockmeyer*
3470 Höxter

4. Die Intensität von Gammastrahlen wird durch absorbierende Schichten exponentiell abgeschwächt. $N = N_0 \ e^{-\mu d}$, μ wird Schwächungskoeffizient genannt und errechnet sich zu $\mu = \ln 2/d_H$, d_H = Halbwertsschichtdicke. 16

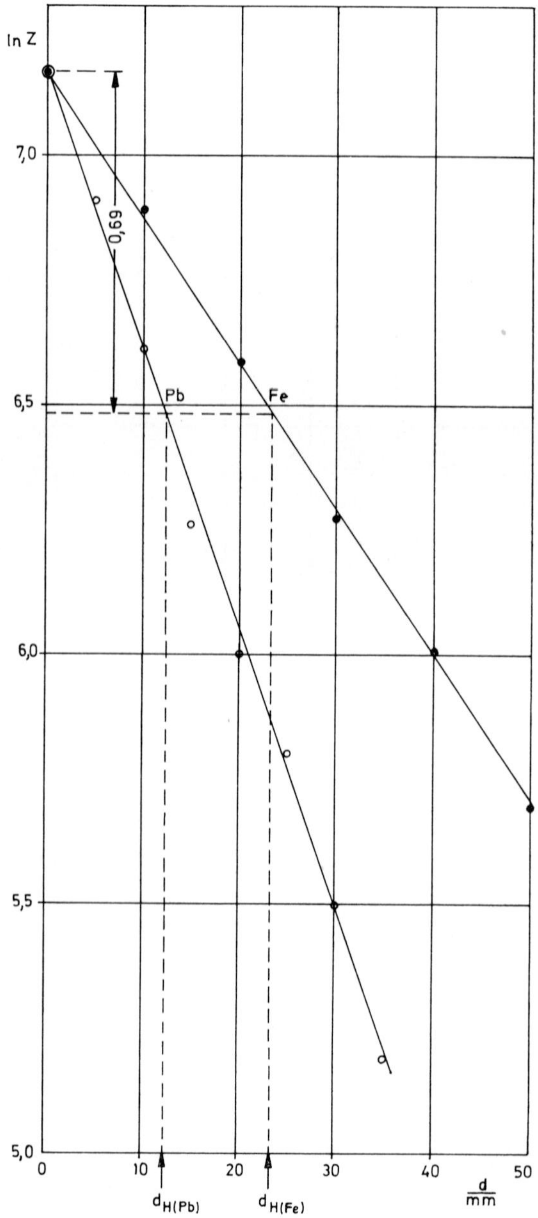

Abb. 2

5. Da jetzt wohl überall elektronische Taschenrechner im Unterricht und auch während der Kursarbeiten und der Abiturprüfung zugelassen werden, ist es einfacher, die natürlichen Logarithmen über die Dicken aufzutragen. Logarithmisches Papier ist auch oft nicht leicht zu beschaffen. Vgl. Abb. 2. 22

6. Der Vorteil der logarithmischen Methode ist, daß nun eine mittelnde Gerade gezogen werden kann. Außerdem läßt sich die Anfangsintensität genauer bestimmen und somit auch die Halbwertsschichtdicken.

   Die Halbwertsschichtdicken betragen:

   für Eisen: $d_H = 23{,}5$ mm, für Blei: $d_H = 12{,}5$ mm 8

7. Man kann z. B. beim Reaktorbau geeignete Stoffe auswählen und dann die notwendigen Schichtdicken berechnen. 8

8. Gammastrahlen können in der industriellen Fertigung zur Dickenmessung und u. a. bei der Materialprüfung eingesetzt werden. 8

100

Diese Aufgabe ist für eine dreistündige Kursarbeit gedacht. Die Rohpunkte werden nach bekanntem Schema in Noten bzw. Punkte übersetzt.

Bei nur zweistündiger Arbeitszeit können die Teilaufgaben 5. und 6. entfallen. Die Rohpunkte werden dann mit 10/7 multipliziert.

H. Brockmeyer, Höxter

OStR. *Walter Czech*
8908 Krumbach/Schw.

Gamma-Strahlung

Die Aufgaben:

1. Erzeugung von Gammastrahlung

Gammastrahlung kann beobachtet werden, wenn angeregte Atomkerne in einen energetisch tiefer liegenden Zustand übergehen.

1.1. Wie kommt es zu angeregten Kernzuständen?

1.2. Die härteste Gammastrahlung liefert die Reaktion $^{7}_{3}$ Li (p, γ) $^{8}_{4}$ Be.

Stellen Sie die Massenbilanz auf und berechnen Sie daraus die Energie der emittierten Gammaquanten.
Nuklidmasse von $^{8}_{4}$Be: 8,00274 *u*.

1.3. Angeregten Atomkernen ist es vielfach unmöglich, durch Emission von Gammaquanten in energieärmere Zustände überzugehen. Welche Ereignisse finden dann statt?

1.4. Gammastrahlung entsteht nicht nur beim Strahlungsübergang angeregter Atomkerne. Wie entsteht Gammastrahlung noch?

2. Absorptionsgesetz für Gammastrahlen

Für die Absorption von Gammastrahlung in Materie gilt näherungsweise ein exponentielles Gesetz. Ist J_0 die ohne Absorber gemessene Intensität (= Anzahl der γ-Quanten in der Zeiteinheit), so ergibt sich hinter einem Absorber der Schichtdicke x die Intensität zu

$$J(x) = J_0 \cdot e^{-\alpha \cdot x},$$

wobei α der Absorptionskoeffizient ist.

2.1. Unter welchen Annahmen gilt dieses Exponentialgesetz?

2.2. Nennen Sie die Ursachen für die Absorption eines γ-Strahlenbündels beim Durchgang durch Materie.

2.3. Leiten Sie eine Beziehung zwischen dem Absorptionskoeffizienten α und der Halbwertsdicke D her.

2.4. Was bedeutet die Aussage $\alpha = 0{,}6\ \text{cm}^{-1}$?

2.5. Die verschiedenen Prozesse, die zur Absorption der Gammastrahlung in Materie führen, sind energieabhängig. Daraus folgt, daß Absorptionskoeffizient und Halbwertsdicke des Absorbermaterials ebenfalls energieabhängig sind. In Tabelle 1 ist die Halbwertsdicke einiger Materialien in Abhängigkeit von der Energie der Strahlenquelle dargestellt.

Tabelle 1:

	Halbwertsdicke D in cm für	
Energie E in MeV	Eisen	Blei
0,2	0,66	0,138
0,5	1,11	0,42
1,0	1,56	0,9
1,5	1,74	1,2
2,0	2,10	1,35
2,5	2,12	1,47
3,0	2,31	1,47
4,0	2,55	1,47

2.5.1. Stellen Sie den Inhalt der Tabelle 1 graphisch dar.

Für die Zeichnung:
Auf der D-Achse gilt: 1 LE $\hat{=}$ 0,2 cm
Auf der E-Achse gilt: 1 LE $\hat{=}$ 0,5 MeV.

2.5.2. Als Gammastrahler werde das Radioisotop Al-28 verwendet. Es sendet Gammaquanten der Energie 1,78 MeV aus. Ermitteln Sie für diese Strahlenquelle den Absorptionskoeffizienten für Blei als Absorbermaterial (Ergebnis: $\alpha_{Pb} \approx 0{,}53 \text{ cm}^{-1}$).

2.5.3. Wie dick müßte eine Eisenplatte sein, wenn diese gegenüber einer Al-28-Strahlenquelle dieselbe Abschirmwirkung erreichen soll wie eine 2 cm dicke Bleiplatte?

Anleitung:

Berechnen Sie D_{Fe} mit Hilfe des *Lenard*schen Gesetzes. Vergleichen Sie sodann den Zahlenwert von D_{Fe} mit dem Wert, der aus der Zeichnung (→ 2.5.1.) abgelesen werden kann.

2.5.4. Wie dick muß eine Absorberschicht aus Blei sein, damit sie die Intensität der Al-28-Strahlenquelle auf 1 ‰ herabsetzt.

2.5.5. Die Energie der vom Radioisotop Al-28 emittierten Gammaquanten soll experimentell bestimmt werden. Geben Sie zwei Verfahren an mit denen das grundsätzlich geschehen kann.

OStR. *Walter Czech*
8908 Krumbach/Schw.

2.6. Der eng gebündelte Strahl einer Al-28-Gammastrahlenquelle wird an einem Graphitblock gestreut.

Welche Energie haben die meisten der unter 90° gestreuten γ-Quanten?

3. Eine Anwendung der Gammastrahlung in der Technik

In einem undurchsichtigen Behälter sei flüssiger Sauerstoff eingeschlossen (→ Abb. 1). Es soll nun festgestellt werden, bis zu welcher Höhe der Tank noch gefüllt ist.

3.1. Betrachten Sie Abb. 1 und erklären Sie kurz das Prinzip der skizzierten Meßapparatur.

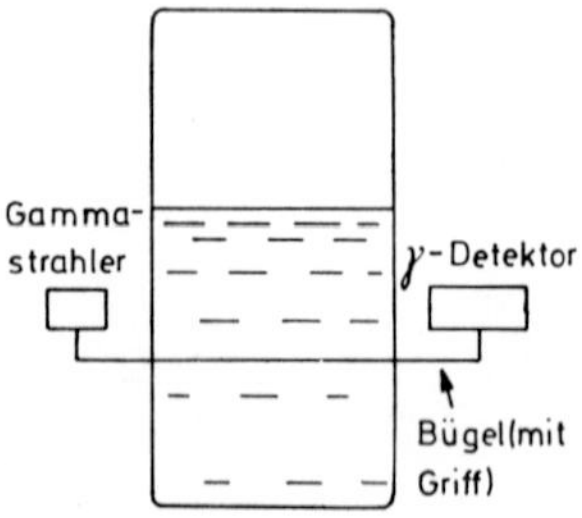

Abb. 1

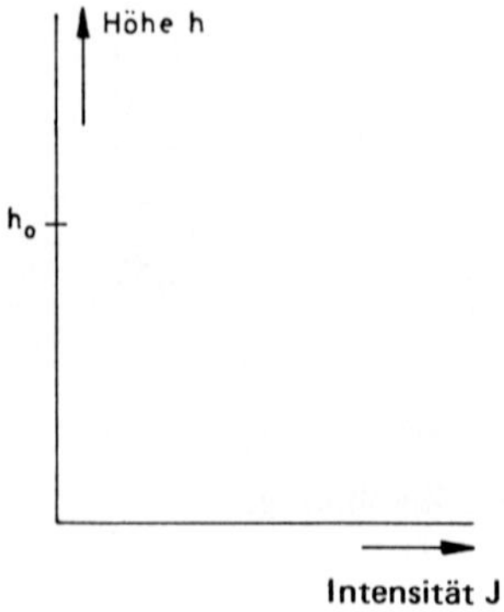

Abb. 2

3.2. Die Messung soll ergeben, daß der Behälter bis zur Höhe h_0 gefüllt ist. Die Meßwerte werden außerdem in ein rechtwinkliges J-h-Koordinatensystem eingetragen und durch einen glatten Kurvenzug verbunden.

Stellen Sie den qualitativen Verlauf der Meßkurve in Abb. 2 dar.

Die Lösungen:

Rohpunkte

1.1. Angeregte Kernzustände entstehen durch 3

- vorangegangene Kernumwandlung beim α- und β-Zerfall radioaktiver Kerne,
- Teilchenbeschuß (Kernreaktion),
- unelastische Streuprozesse.

1.2. $(7{,}014359\,u + 1{,}007277\,u) - 8{,}00274\,u = 0{,}018896\,u \mathrel{\hat{=}} 17{,}6$ MeV. 4

1.3. Die Anregungsenergie wird auf ein Hüllelektron einer inneren Schale übertragen. Das Hüllelektron fliegt aus der Atomhülle heraus und der angeregte Kern geht in einen niedriger liegenden Energiezustand über (*Konversionselektronen!*). 4

Oder:

Der angeregte Kern emittiert ein Elektron-Positron-Paar und geht dadurch in einen niedriger liegenden Energiezustand über.

(Beispiel: Übergang des $^{16}_{8}$ O-Kerns aus dem 6,05 MeV-Zustand in den Grundzustand.)

1.4. Gammastrahlung kann auch als Bremsstrahlung beim Auftreffen genügend schneller Elektronen auf Materie entstehen oder als Vernichtungsstrahlung bei der Zerstrahlung eines Elektron-Positron-Paares. 2

2.1 Das Absorptionsgesetz gilt nur für enge, schmale, parallele und monoenergetische Strahlenbündel. 2

2.2. Photoeffekt, Comptoneffekt, Paarbildung. 3

2.3. Aus $\frac{J_0}{2} = J_0 \cdot e^{-\alpha \cdot D}$ folgt $D = \frac{\ln 2}{\alpha}$. 4

2.4. Durch die Schichtdicke $\frac{1}{0{,}6}$ cm (eines bestimmten Absorbermaterials) wird die Anfangsintensität der Strahlung auf den e-ten Teil geschwächt. 2

2.5.1. Abhängigkeit der Halbwertsdicke D von der Energie E der Strahlenquelle. 3

2.5.2. Aus der Zeichnung entnimmt man $D_{Pb} \approx 1{,}30$ cm. 3

Also ist $\alpha_{Pb} = \frac{\ln 2}{1{,}30\ \text{cm}} = 0{,}53\ \text{cm}^{-1}$.

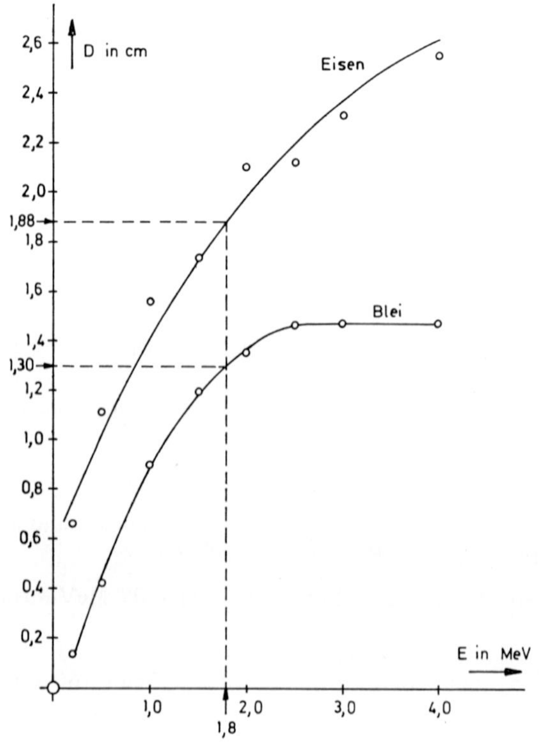

Abb. 3

2.5.3. Nach dem Gesetz von Lenard gilt 6

$D_{Pb} \cdot \rho_{Pb} = D_{Fe} \cdot \rho_{Fe}$

Mit $\rho_{Pb} = 11{,}35$ g/cm³ und $\rho_{Fe} = 7{,}68$ g/cm³ erhält man $D_{Fe} = 1{,}91$ cm.

Zum Vergleich:
Aus der Zeichnung liest man ab $D_{Fe} = 1{,}88$ cm.
Damit ist $\alpha_{Fe} = 0{,}36\ \text{cm}^{-1}$.

Schließlich liefert der Ansatz

$J_0 \cdot \exp(-0{,}53\ \text{cm}^{-1} \cdot 2\ \text{cm}) = J_0 \cdot \exp(-0{,}36\ \text{cm}^{-1} \cdot x)$

die gesuchte Dicke der Eisenplatte:

$$x = \frac{0{,}53 \cdot 2}{0{,}36}\ \text{cm} = 2{,}94\ \text{cm}.$$

2.5.4. $\frac{J_0}{1000} = J_0 \cdot \exp(-0{,}53\ \text{cm}^{-1} \cdot x)$ 4

$$x = \frac{3 \cdot \ln 10}{0{,}53}\ \text{cm} = 13{,}0\ \text{cm}.$$

2.5.5. Man bestimmt die Halbwertsdicke für ein bestimmtes Absorbermaterial (z. B. Blei) und kann dann aufgrund des Zusammenhanges zwischen Halbwertsdicke und Energie der Strahlenquelle (→ 2.5.1.) die Energie der Gammaquanten ermitteln. 3

(Anmerkung: Präzise ist dieses Verfahren natürlich nicht.)

Oder die Präzisionsmethoden

- Kristallinterferenzen nach Laue,
- Energiemessung der in der Richtung des γ-Strahls fortfliegenden Compton-Elektronen.

(Anmerkung: Die „Compton-Methode" ist hier nur der Vollständigkeit halber genannt.)

2.6. Der Compton-Effekt verursacht die Wellenvergrößerung 8

$$\Delta\lambda = \frac{h}{m_{e0} \cdot c}(1 - \cos 90^\circ),$$

$$\Delta\lambda = \frac{6{,}625 \cdot 10^{-34} \cdot \text{J} \cdot \text{s}}{9{,}11 \cdot 10^{-31}\ \text{kg} \cdot 3 \cdot 10^{8} \cdot \text{m} \cdot \text{s}^{-1}} = 0{,}242 \cdot 10^{-11}\ \text{m}$$

Die Energie der unter 90° gestreuten γ-Quanten beträgt damit

$$E' = \frac{h \cdot c}{\lambda + \Delta\lambda},$$

wobei

$$\lambda = \frac{h \cdot c}{E} \quad \text{mit } E = 2{,}85 \cdot 10^{-13}\ \text{J}.$$

Zahlenwerte eingesetzt:

$$\lambda = 6{,}97 \cdot 10^{-13}\ \text{m} = 0{,}0697 \cdot 10^{-11}\ \text{m}$$

Also:

$$E' = \frac{6{,}625 \cdot 10^{-34} \cdot \text{J} \cdot \text{s} \cdot 3 \cdot 10^{8} \cdot \text{m} \cdot \text{s}^{-1}}{(0{,}0697 + 0{,}242) \cdot 10^{-11}\ \text{m}} = 63{,}74 \cdot 10^{-15}\ \text{J}\ (\approx 0{,}4\ \text{MeV})$$

3.1. Der eng gebündelte Strahl einer Gammastrahlenquelle wird durch den Behälter geschickt. Genau diametral gegenüber der Strahlenquelle ist ein γ-Detektor angebracht. Detektor und Strahlenquelle sind durch einen Bügel fest miteinander verbunden. 3
Mit dem Detektor wird die Intensität der Strahlung in Abhängigkeit von der Höhe der Strahlenquelle über dem Boden des Behälters gemessen.

Da die Gammastrahlung beim Durchgang durch die Flüssigkeit des Behälters stärker abgeschwächt wird als beim Durchgang durch die über dem Flüssigkeitsspiegel befindliche Luft, so kann aus dem sprunghaften Anstieg der gemessenen Intensität die Füllstandshöhe ermittelt werden.

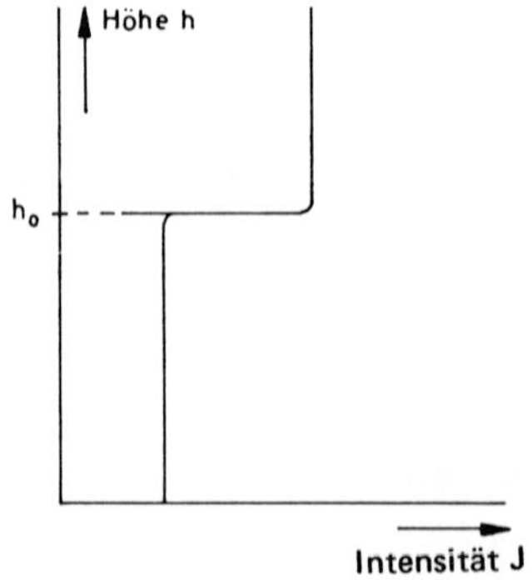

Abb. 4

3.2. 2

$\Sigma = 56$

Vorgeschlagener Notenschlüssel:

Rohpunkte	54–56	52–53	49–51	46–48	43–45	40–42	37–39	35–36	32–34
Punkte	15	14	13	12	11	10	9	8	7
Note		1			2			3	

Rohpunkte	29–31	26–28	23–25	19–22	16–18	12–15	0–11
Punkte	6	5	4	3	2	1	0
Note		4			5		6

W. Czech, Krumbach/Schw.

Kernreaktionen

Die Aufgaben:

1. Wann ist ein Kern stabil?

2. Untersuchen Sie: Ist der Kern $^{7}_{3}$Li stabil in bezug auf den Zerfall in $^{4}_{2}$He und $^{3}_{1}$H?
Nuklidmasse von $^{3}_{1}$H: 3,015502 u

3. Welche Atomkerne entstehen aus $^{56}_{26}$Fe bei folgenden Reaktionen:
$^{56}_{26}$Fe (p; n); $^{56}_{26}$Fe (n, γ); $^{56}_{26}$Fe (n, p), $^{56}_{26}$Fe (α, p)?

4. Erläutern Sie den Begriff der Bindungsenergie eines einzelnen Elementarteilchens im Atomkern sowie den Begriff der Bindungsenergie eines Atomkerns.

5. $^{14}_{7}$N-Kerne werden mit α-Teilchen beschossen.

5.1 Welcher hochangeregte Zwischenkern kann hierbei entstehen?

5.2 Je nach der kinetischen Energie der α-Teilchen emittiert der Zwischenkern entweder ein Proton oder ein Neutron.

Geben Sie für beide Fälle die Reaktionsgleichung an.

5.3 Entscheiden Sie auf Grund der Massendefekte, in welchem Fall die α-Teilchen die größere kinetische Energie mitbringen müssen.

Nuklidmasse von $^{17}_{9}$F: 17,002095 u

6. Schreiben Sie die angegebenen Kernreaktionen unter Angaben des Zwischenkerns:
$^{12}_{6}$C ($^{14}_{7}$N; 2 p) , $^{9}_{4}$Be (_____, ______) $^{10}_{5}$B

7. Die erste Kernspaltung gelang den englischen Physikern *Cockcroft* und *Walton* im Jahre 1932. Sie beschossen $^{7}_{3}$Li mit Protonen der kinetischen Energie 0,3 MeV. Der dabei entstehende Zwischenkern zerfällt in zwei α-Teilchen.

Berechnen Sie die kinetische Energie, mit der die beiden α-Teilchen auseinanderfliegen.

 OStR. *Walter Czech*
8908 Krumbach/Schw.

D i e L ö s u n g e n und ein B e w e r t u n g s v o r s c h l a g :

Rohpunkte

Zu 1. Ein Kern ist stabil (gegenüber einem angenommenen Kernzerfall), wenn seine Masse kleiner ist als die Massensumme der Kerne und Elementarteilchen, in die er theoretisch zerfallen könnte. 2

Zu 2. Angenommener Kernzerfall: ${}^{7}_{3}\mathrm{Li} \rightarrow {}^{4}_{2}\mathrm{He} + {}^{3}_{1}\mathrm{H}$ 3

$m_{{}^{7}_{3}\mathrm{Li}} = 7{,}014359\,u; \quad m_{{}^{4}_{2}\mathrm{He}} + m_{{}^{3}_{1}\mathrm{H}} = 7{,}017008\,u$

Aus

$$m_{{}^{7}_{3}\mathrm{Li}} < m_{{}^{4}_{2}\mathrm{He}} + m_{{}^{3}_{1}\mathrm{H}}$$

folgt, daß ${}^{7}_{3}\mathrm{Li}$ gegenüber diesem Zerfall stabil ist.

Zu 3. ${}^{56}_{26}\mathrm{Fe} + {}^{1}_{1}\mathrm{H} \longrightarrow {}^{56}_{27}\mathrm{Co} + {}^{1}_{0}\mathrm{n}$

${}^{56}_{26}\mathrm{Fe} + {}^{1}_{0}\mathrm{n} \longrightarrow {}^{57}_{26}\mathrm{Fe} + \gamma$

${}^{56}_{26}\mathrm{Fe} + {}^{1}_{0}\mathrm{n} \longrightarrow {}^{56}_{25}\mathrm{Mn} + {}^{1}_{1}\mathrm{H}$

${}^{56}_{26}\mathrm{Fe} + {}^{4}_{2}\mathrm{He} \longrightarrow {}^{59}_{27}\mathrm{Co} + {}^{1}_{1}\mathrm{H}$ 2

Zu 4. Unter der Bindungsenergie eines Elementarteilchens im Atomkern versteht man die Arbeit, die man aufwenden muß, um das Teilchen aus dem Kern zu entfernen, ohne ihm dabei kinetische Energie mitzugeben. 1

Die Bindungsenergie eines Atomkerns ist die gesamte Arbeit, die man aufwenden muß, um den Kern in seine einzelnen Kernbausteine zu zerlegen, ohne daß diesen dabei kinetische Energie mitgegeben wird. 1

Zu 5.1 ${}^{14}_{7}\mathrm{N} + {}^{4}_{2}\mathrm{He} \longrightarrow {}^{18}_{9}\mathrm{F}^*$ 1

Zu 5.2 1.Fall: ${}^{18}_{9}\mathrm{F} \longrightarrow {}^{1}_{1}\mathrm{H} + {}^{17}_{8}\mathrm{O}$

2. Fall: ${}^{18}_{9}\mathrm{F} \longrightarrow {}^{1}_{0}\mathrm{n} + {}^{17}_{9}\mathrm{F}$ 1

Zu 5.3 $m_{{}^{14}_{7}\mathrm{N}} + m_{{}^{4}_{2}\mathrm{He}} = 18{,}0007406\,u$ 4

1. Fall: $m_{{}^{1}_{1}\mathrm{H}} + m_{{}^{17}_{8}\mathrm{O}} = 18{,}0020212\,u$

2. Fall: $m_{{}^{1}_{0}\mathrm{n}} + m_{{}^{17}_{9}\mathrm{F}} = 18{,}010760\,u$

Im 2. Fall muß das α-Teilchen die größere kinetische Energie mitbringen.

[Im 1. Fall ist die kinetische Energie der α-Teilchen 1,2 MeV; im 2. Fall 9,3 MeV.]

Zu 6. ${}^{12}_{6}\mathrm{C} + {}^{14}_{7}\mathrm{N} \longrightarrow {}^{26}_{13}\mathrm{Al}^* \longrightarrow 2\,{}^{1}_{1}\mathrm{H} + {}^{24}_{11}\mathrm{Na}$ 1

$^{9}_{4}Be + ^{1}_{0}n \longrightarrow ^{10}_{4}B^* \longrightarrow ^{10}_{5}B + ^{0}_{-1}e + ^{0}_{0}\bar{\nu}$ 1

Zu 7. $^{7}_{3}Li + ^{1}_{1}H \longrightarrow ^{8}_{4}Be^* \longrightarrow ^{4}_{2}He + ^{4}_{2}He$ 5

$m_{^{7}_{3}Li} = 7{,}014359\,u$ $\qquad 2\,m_{^{4}_{2}He} = 8{,}0030128\,u$

$m_{^{1}_{1}H} = 1{,}007277\,u$

$+\ \frac{E_{kin}}{c^2} = 0{,}000322\,u$

$\Sigma = 8{,}021958\,u$

$\Delta m = 8{,}021958\,u - 8{,}003013\,u = 0{,}018945\,u \mathrel{\hat{=}} 17{,}65\text{ MeV}$

$\Sigma = 22$

Vorgeschlagener Notenschlüssel:

Rohpunkte	22	20–21	19	18	16–17	15	14	13	12	11	10	9	8	6–7	5	0–4
Punkte	15	14	13	12	11	10	9	8	7	6	5	4	3	2	1	0
Note		1			2			3			4			5		6

W. Czech, Krumbach/Schw.

OStR. *Walter Czech*
8908 Krumbach/Schw.

Kernkräfte

Die Aufgaben:

1. Es besteht heute kein Zweifel, daß alle Kerne aus zwei Sorten von Elementarteilchen mit nahezu gleicher Masse aufgebaut sind: aus Protonen und Neutronen.

1.1 Aus welchen Beobachtungen kann man das schließen?

1.2 Wie kann man Neutronen mit Hilfe eines Zählrohres nachweisen?

1.3 Nennen Sie einige Geräte, mit denen man Protonen nachweisen kann.

2. Das anschaulichste aller Kernmodelle ist das Tropfenmodell. Die Atomkerne werden als kleine Tropfen einer aus Protonen und Neutronen bestehenden Kernflüssigkeit betrachtet.

2.1 Der Radius eines solchen „Tropfens" läßt sich einfach abschätzen:
Ein Alphateilchen habe in großer Entfernung von einem Fluorkern die Geschwindigkeit $2{,}0 \cdot 10^7 \text{ m} \cdot \text{s}^{-1}$ und fliege zentral auf den Fluorkern zu. Berechnen Sie, wie nahe es dem Kern kommen kann.

2.2 Zwischen den Kernteilchen müssen starke Wechselwirkungen bestehen, denn:
Der Mittelwert der Durchmesser von Atomkernen liegt in der Größenordnung von $4 \cdot 10^{-15}$ m. Schätzen Sie mit Hilfe der *Heisenberg*schen Unschärferelation ab, wie groß die kinetische Energie eines im Atomkern gebundenen Nukleons im Grundzustand ist.

2.3 Trotz der hohen „Nullpunktsenergien" der Nukleonen im Atomkern bleiben die Kernteilchen zusammen. Die Ursache für diesen Zusammenhalt sind die zwischen den Nukleonen wirkenden Kernkräfte.

Nennen Sie die wesentlichen Eigenschaften von Kernkräften und *Coulomb*kräften.

3. Die energetischen Verhältnisse in der Umgebung eines $^{238}_{92}$U-Kerns sollen nun untersucht werden. Wir denken uns dazu ein Proton aus großer Entfernung an den Kern herangebracht.

3.1 Stellen Sie eine Beziehung für die Arbeit $W(r)$ auf, die allein unter der Einwirkung der Coulombkraft aufgebracht werden muß, um das Proton auf die Entfernung r an den Kern heranzubringen.

3.2 Stellen Sie $W(r)$ – gemessen in MeV – in Abhängigkeit von r in einem kartesischen Koordinatensystem dar. Für die Zeichnung: $10 \cdot 10^{-15}$ m $\hat{=}$ 1 cm; 1 MeV $\hat{=}$ 1 cm.

3.3 Berechnen Sie den Radius des Urankerns.
Benutzen Sie 3.2 und entnehmen Sie aus dem Graphen die Höhe des durch die *Coulomb*wechselwirkungen erzeugten Potentialwalles des Urankerns für die Annäherung eines Protons an den Kern.

4. Skizzieren Sie die Abhängigkeit der potentiellen Energie eines Neutrons von seiner Entfernung zum Atomkern.

OStR. *Walter Czech*
8908 Krumbach/Schw.

D i e L ö s u n g e n und ein B e w e r t u n g s v o r s c h l a g :

Rohpunkte

Zu 1.1 Kernreaktionen zeigen, daß Atomkerne aus Protonen und Neutronen aufgebaut sind. Beispiele: $^{9}_{4}Be + \alpha \longrightarrow {}^{12}_{6}C + {}^{1}_{0}n$; $^{14}_{7}N + \alpha \longrightarrow {}^{17}_{8}O + {}^{1}_{1}p$ 2

Zu 1.2. Zum Nachweis thermischer Neutronen benutzt man ein Zählrohr im Proportionalbereich, dessen Innenwand mit einer dünnen Borschicht überzogen ist. Kernreaktion: $^{10}_{5}B\,(n;\alpha)\,{}^{7}_{3}Li$ 2

Zum Nachweis energiereicher Neutronen verwendet man ein Zählrohr im Proportionalbereich, dessen Innenwand mit wasserstoffhaltigen Substanzen, z. B. Paraffin, ausgekleidet ist.

Zu 1.3 Massenspektrograph, Nebelkammer, Kernspurplatten 2

Zu 2.1 Es gilt der Ansatz: $E_{kin} = W_{pot}$

$$W_{pot} = -\int_{\infty}^{r} \frac{Q_1\,Q_2}{4\,\pi\,\epsilon_0 \cdot x^2}\,dx = \frac{Q_1\,Q_2}{4\,\pi\,\epsilon_0\,r}$$

Mit $Q_1 = 2e$ und $Q_2 = 9e$ wird

$$W_{pot} = \frac{18\,e^2}{4\,\pi\,\epsilon_0 \cdot r}$$

Eingesetzt in den obigen Ansatz, erhält man für den kleinstmöglichen Abstand r_0 des Alphateilchens vom Kern die Beziehung:

$$\frac{1}{2} m\,v^2 = \frac{9\,e^2}{2\,\pi\,\epsilon_0 \cdot r_0}$$

oder

$$r_0 = \frac{9\,e^2}{\pi\,\epsilon_0\,m\,v^2} = 3{,}1 \cdot 10^{-15}\ \text{m}$$ 5

Zu 2.2 Aus

$$\Delta p_x \cdot \Delta x \geqq \frac{h}{2\,\pi}\ ; \quad p_x = m \cdot v_x$$

ergibt sich für Δv_x:

$$\Delta v_x \geqq \frac{h}{2\,\pi \cdot m \cdot \Delta x}$$

Also

$$\Delta E_{kin} \geqq \frac{1}{2} m\,(\Delta v_x)^2 = \frac{1}{2}\,m \cdot \frac{h^2}{4\,\pi^2\,m^2\,(\Delta x)^2} = \frac{h^2}{8\,\pi^2 \cdot m \cdot (\Delta x)^2}$$

$$E_{kin} \geqq \frac{(6{,}6256)^2 \cdot 10^{-68}\ \mathrm{J^2 s^2}}{8\,\pi^2 \cdot 16 \cdot 10^{-30}\ \mathrm{m^2} \cdot 1{,}67 \cdot 10^{-27}\ \mathrm{kg}} = 1{,}3\ \mathrm{MeV}.$$ 5

Zu 2.3 Kernkräfte haben sehr geringe Reichweiten; sie sind praktisch auf die Dimension des Atomkerns beschränkt. Kernkräfte sind von der Ladung der Kernbausteine nahezu unabhägig.
*Coulomb*kräfte wirken nur zwischen geladenen Teilchen. Im Bereich des Kerns ist der Betrag der anziehenden Kernkraft weitaus größer als der Betrag der elektrischen Abstoßungskraft. 2

Zu 3.1 $W(r) = -\int\limits_{\infty}^{r} \frac{e \cdot 92e}{4\,\pi\,\epsilon_0 \cdot x^2}\,dx = \frac{92e^2}{4\,\pi\,\epsilon_0\,r}$ 2

Zu 3.2 $W(r) \approx \frac{13{,}21 \cdot 10^{-8}}{r}\ \mathrm{eV \cdot m}$ 3

r in 10^{-15} m	5	10	20	30	40	50	60
W in MeV	26,4	13,2	6,6	4,4	3,3	2,6	2,2

Graph

Zu 3.3 $r_{\text{U-238-Kern}} \approx 1{,}4 \cdot 10^{-15}\ \mathrm{m} \cdot \sqrt[3]{238} \approx 8{,}7 \cdot 10^{-15}\ \mathrm{m}$ 2

Höhe des Potentialwalls: ≈ 15 MeV

Zu 4. 3

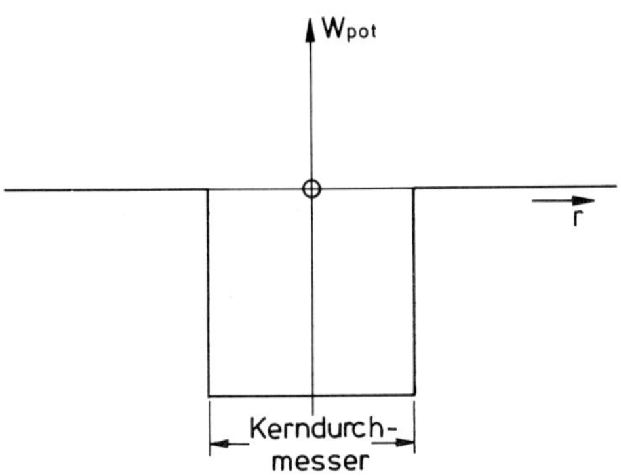

$\Sigma = 28$

V o r g e s c h l a g e n e r N o t e n s c h l ü s s e l:

Rohpunkte	27–28	26	24–25	23	21–22	20	18–19	17	15–16
Punkte	15	14	13	12	11	10	9	8	7
Note		1			2			3	

Rohpunkte	14	12–13	11	9–10	8	6–7	0–5
Punkte	6	5	4	3	2	1	0
Note		4			5		6

W. Czech, Krumbach/Schw.

OStR. *Walter Czech*
8908 Krumbach/Schw.

Künstliche Radioaktivität

Im Jahre 1933 gelang *Irene* und *Frederic Joliot-Curie* die Entdeckung des ersten künstlich hergestellten radioaktiven Nuklids. Sie beschossen Aluminiumfolien mit den Alphateilchen eines natürlich radioaktiven Polonium-Präparates und stellten fest, daß die Folie radioaktiv geworden war. Genaue Untersuchungen zeigten, daß ein Teil der ^{27}Al-Isotope durch den Beschuß mit den Alphateilchen in das instabile ^{30}P-Isotop umgewandelt worden war, das seinerseits β^+-Teilchen emittierte.

Die Aufgaben:

1.1. Stellen Sie die Reaktions- bzw. Zerfallsgleichung auf.

1.2. Das ^{30}P-Isotop hat einen Überschuß an Protonen. Man könnte annehmen, daß der ^{30}P-Kern seinen Überschuß an Protonen einfach durch Emission eines Protons beseitigt. Warum ist ihm das im vorliegenden Fall jedoch nicht möglich, so daß es zur Emission eines β^+-Teilchen kommt?

1.3. Berechnen Sie die maximale kinetische Energie der β^+-Teilchen.

Nuklidmasse von $^{30}_{15}$P : 29,970097 u,
Nuklidmasse von $^{30}_{14}$Si: 29,966091 u.

1.4. Bestimmen Sie die Atommassen von ^{30}P und ^{30}Si, und ermitteln Sie mit Hilfe der Atommassen die maximale kinetische Energie der beim β^+-Zerfall von ^{30}P emittierten Positronen.

2. Zeigen Sie allgemein, daß beim β^+-Zerfall die Atommasse des Mutterelements die Atommasse des Tochterelements um mindestens den Betrag übertreffen muß, der einer Energie von 1,02 MeV entspricht (die Masse des Neutrinos soll unberücksichtigt bleiben).

3. Künstlich hergestellte radioaktive Isotope finden in Wissenschaft und Technik vielerlei Anwendung. Es gibt kaum einen Lebensbereich, in dem diese „strahlenden Helfer", von Menschen sinnvoll eingesetzt, nicht zu unser aller Nutzen tätig sein können. Hier ein Beispiel aus dem medizinischen Bereich:

Bei der Diagnose von Herz- und Gefäßerkrankungen ist es oft sehr wesentlich zu wissen, wie groß die Gesamtblutmenge im Organismus ist. Es fragt sich nur, wie man dies im lebenden, ungestörten Organismus bestimmen kann. Man verfährt so:

In die Ellenbogenvene des Patienten wird eine geringe Menge physiologischer Kochsalzlösung eingespritzt, die schwach radioaktiv ist. Ihre Anfangsaktivität sei 12000 Zerfälle pro Minute. Bei jedem Durchgang durch das Herz wird nun diese Lösung mit einer ziemlich großen Blutmenge aus dem Bereich des Herzens vermischt, so daß man annehmen kann, daß nach etwa 1 Stunde die radioaktiven Na-24 Atome gleichmäßig über das gesamte Blutvolumen verteilt sind.

30 Stunden nach der Injektion wird eine Blutprobe von 1,0 cm^3 entnommen. Man mißt die Aktivität mit 0,5 Zerfälle pro Minute. Wie groß ist das Blutvolumen des Patienten, wenn das Na-24 Isotop eine Halbwertszeit von 15 Stunden hat?

OStR. *Walter Czech*
8908 Krumbach/Schw.

Die Lösungen und ein Bewertungsvorschlag:

Rohpunkte

Zu 1.1. $^{27}_{13}\text{Al} + ^{4}_{2}\text{He} \longrightarrow ^{30}_{15}\text{P} + ^{1}_{0}\text{n}$ 1

$^{30}_{15}\text{P} \longrightarrow ^{30}_{14}\text{Si} + ^{0}_{1}\text{e} + ^{0}_{0}\nu$ 1

Zu 1.2. Aus energetischen Gründen ist hier nur die β^{+}-Emission möglich:

Für die Emission eines Protons muß eine Energie in der Größenordnung der mittleren Bindungsenergie pro Nukleon von etwa 8,5 MeV zur Verfügung stehen. Zur Emission eines Positrons wird eine Energie in der Größenordnung von 1 MeV benötigt. 3

Zu 1.3. Massendefekt Δm:

$$\Delta m = m_{^{30}_{15}\text{P}} - (m_{^{30}_{14}\text{Si}} + m_e)$$
$$= 29{,}970097\,u - (29{,}966091\,u + 0{,}000548\,u) = 0{,}003458\,u.$$

Diesem Massendefekt entspricht die Energie $\Delta E = 3{,}22$ MeV.
Die maximale kinetische Energie der Positronen ist also 3,22 MeV. 3

Zu 1.4. $M_{^{30}_{15}\text{P}} = m_{^{30}_{15}\text{P}} + 15 \cdot m_e = 29{,}970097\,u + 15 \cdot 0{,}000548\,u =$
$= 29{,}978317\,u$ 2

$M_{^{30}_{14}\text{Si}} = m_{^{30}_{14}\text{Si}} + 14 \cdot m_e = 29{,}966091\,u + 14 \cdot 0{,}000548\,u =$
$= 29{,}973763\,u$ 1

$$\Delta m = (M_{^{30}_{15}\text{P}} - 15\,m_e) - [(M_{^{30}_{14}\text{Si}} - 14\,m_e) + m_e] =$$
$$= M_{^{30}_{15}\text{P}} - 15\,m_e - M_{^{30}_{14}\text{Si}} + 14\,m_e - m_e = M_{^{30}_{15}\text{P}} - M_{^{30}_{14}\text{Si}} - 2 \cdot m_e =$$
$$= 0{,}003458\,u \mathrel{\hat{=}} 3{,}22 \text{ MeV}$$
3

Zu 2. Mutterkern: $^{A}_{Z}\text{X}$; Tochterkern: $^{A}_{Z-1}\text{Y}$

β^{+}-Zerfall: $^{A}_{Z}\text{X} \longrightarrow ^{A}_{Z-1}\text{Y} + ^{0}_{1}\text{e} + ^{0}_{0}\nu$

$$\Delta m = (M_{^{A}_{Z}\text{X}} - Z \cdot m_e) - [M_{^{A}_{Z-1}\text{Y}} - (Z-1)\,m_e + m_e] =$$
$$= M_{^{A}_{Z}\text{X}} - Z\,m_e - M_{^{A}_{Z-1}\text{Y}} + Z\,m_e - m_e - m_e =$$
$$= M_{^{A}_{Z}\text{X}} - (M_{^{A}_{Z-1}\text{Y}} + 2\,m_e)$$
5

Die Atommasse des Mutterelements muß also die Atommasse des Tochterelements um mindestens die Ruhemasse zweier Elektronen übertreffen. Die Ruhemasse zweier Elektronen entspricht einer Energie von 43
$2 \cdot 0{,}511 \text{ MeV} = 1{,}02 \text{ MeV}$.

Zu 3. Die Anfangsaktivität der radioaktiven Lösung ist 12000 Zerfälle/min. Nach Ablauf zweier Halbwertszeiten beträgt die Aktivität noch den vierten Teil der Anfangsaktivität.
Also

$$A\,(30\text{ h}) = \frac{A_0}{4} = 3000\text{ Zerfälle/min.}$$

Da die radioaktive Lösung gleichzeitig über das gesamte Blutvolumen verteilt ist, beträgt demnach die Aktivität des gesamten Blutvolumens zum Zeitpunkt der Blutentnahme 3000 Zerfälle/min. Hat also 1,0 cm³ Blut die Aktivität von 0,5 Zerfälle/min, so muß das gesamte Blutvolumen betragen

$$\frac{3000\text{ Zerfälle/min}}{0{,}5\text{ Zerfälle/min}} \cdot 1{,}0\text{ cm}^3 = 6\text{ l.}$$ 5

$\Sigma = 24$

Vorgeschlagener Notenschlüssel:

Rohpunkte	24	22–23	21	20	18–19	17	16	14–15	13	12	11	10
Punkte	15	14	13	12	11	10	9	8	7	6	5	4
Note		1			2			3			4	

Rohpunkte	9	7–8	6	0–5
Punkte	3	2	1	0
Note		5		6

W. Czech, Krumbach/Schw.

OStR. *Walter Czech*
8908 Krumbach/Schw.

Positronen- und Gammastrahlung

Die Aufgaben:

1. Das Chromisotop $^{49}_{24}Cr$ ist ein β^+-Strahler. Neben der Positronenstrahlung beobachtet man auch eine Gammastrahlung der Energie 0,9 MeV. Die maximale kinetische Energie der Positronen beträgt 1,54 MeV.

1.1. Erklären Sie, wie es zur Emission der Gammastrahlung kommt.

1.2. Zeichnen Sie das Energieniveauschema vom Mutteratom (^{49}Cr) und Tochteratom mit den Energieniveaus, die für die genannten Vorgänge hier eine Rolle spielen.

1.3. Berechnen Sie die Atommasse des Tochteratoms (Die Masse des Neutrinos soll unberücksichtigt bleiben).
Atommasse von $^{49}_{24}Cr$: 48,951271 u

1.4. Das Tochterelement ist ein K-Strahler.

1.4.1. Stellen Sie die Reaktionsgleichung auf.

1.4.2. Mit dem K-Einfang ist eine charakteristische *Röntgen*strahlung verbunden. Wie kommt es zu dieser Strahlung?
Berechnen Sie die Wellenlänge ihrer K_α-Linie.

2. Für das β^+- und γ-strahlende künstlich radioaktive $^{49}_{24}Cr$ wurde die Absorption der emittierten Strahlung in Blei untersucht.

2.1. Nennen Sie die Prozesse, die bei der Absorption von
– Gammastrahlung,
– β^+-Strahlung
in Materie eine Rolle spielen. Gehen Sie auch auf die Energieabhängigkeit der Prozesse ein.

2.2. Das Ergebnis des Absorptionsversuches zeigt die folgende Tabelle. Es bedeuten I die relative Intensität, d die Dicke der Bleischicht.

d in cm	0,05	0,10	0,15	0,20	0,25	0,30	0,60	1,2
I	10,0	8,1	7,1	6,7	6,0	5,2	3,6	2,0

d in cm	1,8	2,4	3,0	3,6	4,2	4,8	5,4	5,6
I	1,2	0,76	0,50	0,33	0,22	0,17	0,12	0,10

2.2.1. Stellen Sie das Versuchsergebnis in einem d-ln$I$-Diagramm dar.

2.2.2. Bestimmen Sie aus dem Graphen die Absorptionskoeffizienten der einzelnen Strahlungskomponenten.

OStR. *Walter Czech*
8908 Krumbach/Schw.

Die Lösungen:

Rohpunkte

Zu 1.1. Die β^+-Emission führt zu einem angeregten Niveau des Folgekerns. Der Übergang zu dessen Grundzustand geschieht unter Emission eines γ-Quants. 1

Zu 1.2. $^{49}_{24}\text{Cr} \longrightarrow {}^{49}_{23}\text{V} + {}^{0}_{1}\text{e} + {}^{0}_{0}\nu$

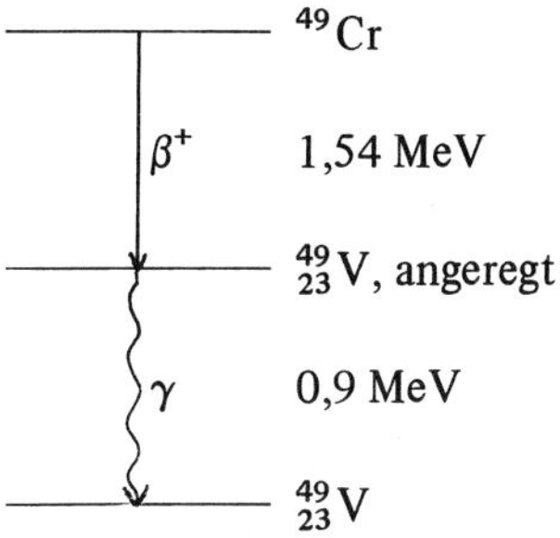

3

Zu 1.3. $$M_{^{49}\text{V}} = M_{^{49}\text{Cr}} - m_e - \frac{E_{kin,\beta^+}}{c^2} - \frac{E}{c^2}$$

$$M_{^{49}\text{V}} = 48{,}951271\,u - (0{,}511\text{ MeV}\frac{1}{931{,}44\text{ MeV}}u +$$

$$+ 2{,}54\text{ MeV}\frac{1}{931{,}44\text{ MeV}}u)$$

$$\approx 48{,}951271\,u - 0{,}0032755\,u = 48{,}94799\,u$$

(Vergleich mit Literaturwert: 48,948523 u) 3

Zu 1.4.1. $^{49}_{23}\text{V} + {}^{\;\,0}_{-1}\text{e} \longrightarrow {}^{49}_{22}\text{Ti} + {}^{0}_{0}\nu$ 1

Zu 1.4.2. Wenn der Kern ein K-Elektron einfängt, dann wird in der K-Schale ein Platz frei, der von einem Elektron, das aus der L-Schale stammt, aufgefüllt wird. Dieser Vorgang ist mit der Emission eines *Röntgen*quants verbunden. 1

*Moseley*sches Gesetz für die K_α-Linie:

$$\frac{1}{\lambda_{K\alpha}} = \frac{3}{4} R_\infty (Z-1)^2;\; Z = 22\,(!)$$

$$\lambda_{K\alpha} = \frac{4}{3 \cdot 1{,}097 \cdot 10^7\text{ m}^{-1} \cdot 21^2} = 2{,}75 \cdot 10^{-10}\text{ m}$$ 4

OStR. *Walter Czech*
8908 Krumbach/Schw.

Zu 2.1. Bei der *Absorption der γ-Strahlung* spielen folgende drei Prozesse eine Rolle (die Stärke der Wechselwirkung der einzelnen Prozesse ist dabei energieabhängig):

(1) Photoeffekt; Energie der γ-Quanten liegt in der Größenordnung der Bindungsenergie der Hüllelektronen.
(2) *Compton*effekt; Energie der γ-Quanten ist sehr viel größer als die Bindungsenergie der Hüllelektronen.
(3) Paarbildung; Energie der γ-Quants ist größer als die zweifache Ruheenergie eines Elektrons. 5

Die Absorption der β^+-Strahlung beruht auf dem Effekt, daß sich ein Positron mit einem Elektron vereinigt. Dabei verschwindet das Elektronenpaar und seine gesamte Energie wird in Strahlung umgewandelt. 1

Zu 2.2.1. Graph 4

Zu 2.2.2. Der Graph stellt die Überlagerung zweier Absorptionskurven dar. Das steil abfallende Kurvenstück beschreibt die Intensitätsabnahme der – bei kleinen Schichtdicken gegenüber der γ-Strahlung dominierenden – Positronenstrahlung in Abhängigkeit von der Dicke der Bleischicht. Das flache Kurvenstück gilt dann für die γ-Strahlung, die erst durch dicke Bleiplatten wirksam absorbiert werden kann. 1

Positronenstrahlung:

$I = I_0\, e^{-0{,}94\ \mathrm{cm}^{-1} \cdot x}$ 2

γ-Strahlung:

$I = I_0\, e^{-0{,}25\ \mathrm{cm}^{-1} \cdot x}$ 2

$\Sigma = 28$

Vorgeschlagener Notenschlüssel:

Rohpunkte	27–28	26	24–25	23	21–22	20	18–19	17	15–16
Punkte	15	14	13	12	11	10	9	8	7
Note		1			2			3	

Rohpunkte	14	12–13	11	9–10	8	6–7	0–5
Punkte	6	5	4	3	2	1	0
Note		4		5			6

W. Czech, Krumbach/Schw.

OStR. *Walter Czech*
8908 Krumbach/Schw.

Rund um das Neutron

Die Aufgaben:

1. *Erzeugung von Neutronen*
Bestrahlt man einen Deuteriumkern mit Gammaquanten der Energie 2,2247 MeV, so zerfällt er in seine Bestandteile.

1.1. Geben Sie die Reaktionsgleichung an.

1.2. Berechnen Sie daraus die Masse des Neutrons.

1.3. Nennen Sie zwei weitere Kernreaktionen, bei denen Neutronen freigesetzt werden.

2. *Einige Eigenschaften*

2.1. Freie Neutronen zerfallen mit der Halbwertszeit $T_{1/2} = 932$ s. Geben Sie die Zerfallsgleichung an. Nach welcher Zeit sind 99 % der ursprünglich vorhandenen Neutronen zerfallen?

2.2. Weshalb sind Neutronen für Kernreaktionen besonders geeignet?

2.3. Die kinetische Energie thermischer Neutronen liegt in der Größenordnung von 0,025 eV.

2.3.1. Begründen Sie kurz, warum man Neutronen dieser kinetischen Energie den Namen „thermische Neutronen" gab.

2.3.2. Welche Bedeutung haben thermische Neutronen in der Kernphysik?

2.3.3. In welcher Größenordnung liegt die *de Broglie*-Wellenlänge thermischer Neutronen?

2.3.4. Wie lassen sich thermische Neutronen zu einem engen Strahl bündeln?

3. *Stoßprozesse*
Eine Kugel der Masse m = 1 g stößt zentral und vollkommen elastisch mit einer Geschwindigkeit von $v = 20\ \text{m} \cdot \text{s}^{-1}$ auf eine ruhende Kugel der Masse M. – Beide Kugeln werden während des Stoßprozesses als nicht rotierend angenommen.

3.1. Stellen Sie eine Beziehung für die Geschwindigkeit v' der stoßenden Kugel (Masse m) nach dem Stoß in Abhängigkeit von der Masse M der gestoßenen Kugel auf.

(Ergebnis: $v' = 20 \frac{\text{m}}{\text{s}} \cdot \frac{1\,g - M}{1\,g + M}$)

OStR. *Walter Czech*
8908 Krumbach/Schw.

3.2. Stellen Sie eine Beziehung auf für den prozentualen Energieverlust der stoßenden Kugel in Abhängigkeit vom Massenverhältnis der stoßenden Teilchen.
Begründen Sie mit Hilfe dieser Zeichnung, daß zur Abbremsung von Neutronen wasserstoffhaltige Substanzen (Paraffin z. B.) besonders gut geeignet sind.

3.3. Zum Nachweis von Neutronen kleidet man Zählrohre z. B. mit Paraffin aus. Warum können nun Neutronen nachgewiesen werden?

3.4. Weshalb ist die Neutronenstrahlung für den menschlichen Körper so gefährlich? Wie schützt man sich vor Neutronenstrahlung?

4. *Entdeckung des Neutrons*
Beim Beschuß von Beryllium mit α-Teilchen entsteht eine äußerst durchdringende Strahlung, die man zunächst für energiereiche Gammastrahlung hielt. Untersuchungen dieser Strahlung in Ionisationskammern zeigten, daß die durchdringende Strahlung nicht aus γ-Quanten, sondern aus Teilchen der relativen Atommasse 1 und der Ladung Null besteht.
Die Neutronen übertragen einen Teil ihrer kinetischen Energie auf die Atome des Füllgases. Aus der gemessenen kinetischen Energie der gestoßenen Gasatome kann auf die Geschwindigkeit der stoßenden Neutronen geschlossen werden.

4.1. Zeigen Sie, wie die Geschwindigkeit v' des gestoßenen Gasatoms (Rückstoßkern) nach dem Stoß aus der Masse m des Neutrons, der Geschwindigkeit v des Neutrons vor dem Stoß und der Masse M des Rückstoßkerns berechnet werden kann.

Zur Vereinfachung wird einmal mit Wasserstoffgas, das andere Mal mit Stickstoffgas gefüllt. Aus der gemessenen kinetischen Energie der gestoßenen Gasatome ergibt sich, daß die maximale Geschwindigkeit der Wasserstoffatome $3{,}3 \cdot 10^7\ \mathrm{m \cdot s^{-1}}$ und die der Stickstoffatome $4{,}7 \cdot 10^6\ \mathrm{m \cdot s^{-1}}$ ist.

Benutzen Sie 4.1. und berechnen Sie die Masse des Neutrons.

5. *Wechselwirkung mit Materie*
Beschreiben und erläutern Sie die Wechselwirkung von Neutronen mit Materie.

Die Lösungen:

Rohpunkte

1.1. $^2_1\text{H} + \gamma \longrightarrow {}^1_1\text{H} + {}^1_0\text{n}$ 1

1.2. $m_\text{n} = (m_{^2_1\text{H}} + \frac{E_\gamma}{c^2}) - m_{^1_1\text{H}}$

$m_\text{n} = (2{,}0135536\,u + 0{,}0023884\,u) - 1{,}0072766\,u = 1{,}008665\,u$ 3

1.3. $^9_4\text{Be}\ (\alpha;\text{n})\ ^{12}_6\text{C}$,
$^2_1\text{H}\ (\text{d};\text{n})\ ^3_2\text{H}$,
$^7_3\text{Li}\ (\text{d};\text{n})\ 2\cdot{}^4_2\text{He}$ usw. 2

2.1. $^1_0\text{n} \longrightarrow {}^1_1\text{H} + {}^{\ 0}_{-1}\text{e} + {}^0_0\overline{\nu}$ 1

$N(t) = N_0 \cdot \text{e}^{-\lambda\cdot t}$; $N(t) = 0{,}01\,N_0$; $\lambda = \frac{\ln 2}{T_{1/2}}$ 3

Also:

$0{,}01 \cdot N_0 = N_0 \cdot \text{e}^{-\lambda\cdot t}$; $t = \frac{2\cdot\ln 10}{\ln 2}\cdot T_{1/2}$; $t \approx 103{,}5$ min.

2.2. Die ungeladenen Neutronen erfahren keine elektrischen Ablenkungskräfte durch die Elektronenhülle und durch den Kern; sie können damit ungehindert in den Kern eindringen, und Kernreaktionen auslösen. 1

2.3.1. Aus Atomkernen herausgeschlagene Neutronen werden zu thermischen Neutronen, wenn sie nach genügend vielen Zusammenstößen mit den Atomkernen einer Bremssubstanz alle Energie abgegeben haben, bis auf diejenige, die den Partikeln innewohnt, mit denen sie wechselwirken. Dieser Energiebetrag kann ihnen nicht entzogen werden. Der Betrag der kinetischen Energie ist 0,025 eV bei $T = 293$ K. 2

2.3.2. Thermische Neutronen haben einen relativ großen Wirkungsquerschnitt. Anschaulich gesprochen: Thermische Neutronen halten sich relativ lange in Kernnähe auf; die Wahrscheinlichkeit, vom Kern eingefangen zu werden, ist etwa 1000 mal größer als bei schnellen Neutronen. 1

2.3.3. $\lambda = \frac{h}{m\,\text{v}}$ mit $\text{v} = \sqrt{\frac{2\,eU}{m}}$

Also:

$$\lambda = \frac{h}{m\sqrt{\frac{2\cdot eU}{m}}} = \frac{h}{\sqrt{2\,m\,eU}}$$

$$= \frac{6{,}6256\cdot 10^{-34}\ \text{Js}}{\sqrt{2\cdot 1{,}6748\cdot 10^{-27}\ \text{kg}\cdot 0{,}025\cdot 1{,}6\cdot 10^{-19}\ \text{J}}} = 1{,}8\cdot 10^{-10}\ \text{m}$$ 4

In derselben Größenordnung liegen die Netzebenenabstände bei Kristallen.

2.3.4. Beugung an den Atomen eines Kristalls (*Bragg*-Interferenzen). 2

3.1. Impulserhaltungssatz: $m\,v = m\,v' + M\,V'$ (*)

Energieerhaltungssatz: $\frac{1}{2} m\,v^2 = \frac{1}{2} m\,v'^2 + \frac{1}{2} M\,V'^2$ (**)

Aus (*) $$V' = \frac{m\,(v - v')}{M}$$

In (**) $$m\,v^2 = m\,v'^2 + M \frac{m^2}{M^2} (v - v')^2$$

$$\Leftrightarrow m\,(v^2 - v'^2) = \frac{m^2}{M} (v - v')^2$$

$$\Leftrightarrow \quad v + v' = \frac{m}{M} (v - v')$$

$$\Leftrightarrow \quad v' = v \frac{m - M}{m + M}$$

Die Zahlenwerte $m = 1$ g und $v = 20 \frac{m}{s}$ eingesetzt, liefern $v = 20 \frac{m}{s} \frac{1\,g - M}{1\,g + M}$ 7

3.2. Die Energie E' der stoßenden Kugel (Masse m) beträgt nach dem Stoß

$$E' = \frac{1}{2} m\,v'^2 = \frac{1}{2} m\,v^2 \left(\frac{m - M}{m + M}\right)^2 .$$

Der prozentuale Energieverlust ist demnach

$$\frac{\Delta E}{E} = \frac{E - E'}{E} = \frac{\frac{1}{2} m\,v^2 - \frac{1}{2} m\,v^2 \left(\frac{m - M}{m + M}\right)^2}{\frac{1}{2} m\,v^2} = 1 - \left(\frac{m - M}{m + M}\right)^2$$

Für $m = M$ wird $\frac{\Delta E}{E} = 1$, d. h. das stoßende Teilchen überträgt seine gesamte kinetische Energie auf das Teilchen der Masse M. 5

3.3. Die Neutronen übertragen durch Stoß Energie an die Protonen, die im Paraffin enthalten sind; die Protonen erzeugen nun ihrerseits die Ionen für die Zählrohrentladung. 1

3.4. Auf lebende Zellen wirken Neutronenstrahlen schädigend, weil sie Kettenreaktionen auslösen, bei denen dann ionisierende Teilchen frei werden.

Durch meterdicke Wasser- oder Betonschichten kann man sich vor Neutronenstrahlen schützen. 2

4.1. Ansatz: Siehe 3.1.!

Aus (*) : $m\,(v - v') = M\,V'$

Aus (**): $m\,(v^2 - v'^2) = M\,V'^2$

Division liefert:

$$\frac{(v + v')(v - v')}{v - v'} = V'$$

und damit $v + v' = V'$

$v' = V' - v$

Dies eingesetzt in (*), ergibt

$$m\,v = M\,V' + m\,(V' - v)$$

$$\Leftrightarrow 2\,m\,v = V'\,(M + m)$$

$$\Leftrightarrow V' = \frac{2\,m\,v}{M + m}$$ 6

4.2. $V'_H = \dfrac{2\,m\,v}{M_H + m}$; V'_H = Geschwindigkeitsbetrag der Wasserstoffatome
M_H = Masse der Wasserstoffatome

$V'_N = \dfrac{2\,m\,v}{M_N + m}$; V'_N = Geschwindigkeitsbetrag der Stickstoffatome
M'_N = Masse der Stickstoffatome

Beide Gleichungen dividiert

$$\frac{V'_N}{V'_H} = \frac{M_H + m}{M_N + m}$$

und die erhaltene Beziehung nach m aufgelöst:

$$m = M_H \cdot \frac{V'_H - V'_N \cdot \dfrac{M_N}{M_H}}{V'_N - V'_H}$$

Zahlenwerte eingesetzt:

$$m = M_H \cdot \frac{3{,}3 \cdot 10^7 \frac{m}{s} - 4{,}7 \cdot 10^6 \frac{m}{s} \cdot \frac{14}{1}}{4{,}7 \cdot 10^6 \frac{m}{s} - 3{,}3 \cdot 10^7 \frac{m}{s}} \quad ; \quad m \approx M_H \cdot 1{,}16$$ 5

5. Neutronen ionisieren nicht; sie sind ungeladen und können somit nicht auf die Hüllelektronen einwirken.
Neutronen sind geeignet, um Kernumwandlungen, Kernreaktionen herbeizuführen.
Neutronen werden durch wasserstoffhaltige Substanzen absorbiert.
Durch Bestrahlung mit Neutronen können Substanzen künstlich radioaktiv gemacht werden. 4

$\Sigma = 50$

Vorgeschlagener Notenschlüssel:

Rohpunkte	49–50	45–48	43–44	41–42	37–40	35–36	33–34	30–32	28–19
Punkte	15	14	13	12	11	10	9	8	7
Note		1			2			3	

Rohpunkte	26–27	22–25	20–21	17–19	13–16	10–12	0–9
Punkte	6	5	5	4	2	1	0
Note		4			5		6

W. Czech, Krumbach/Schw.

Radioaktivität und Umwelt

Die Aufgaben:

Bestimmte radioaktive Substanzen können auch in sehr geringer Konzentration enormen Schaden anrichten. Wie sich z. B. ein achtlos weggeschüttetes Präparat radioaktiven Cäsiumchlorids auswirken kann, wird in einem Artikel so beschrieben:

„Wird es achtlos weggeschüttet, so kann ein Präparat mehrere Kubikmeter Grund- und Flußwasser so verseuchen, daß sie in Filmfabriken oder auch Papierfabriken, die die Pappe oder Papiere zur Verpackung von Fotomaterial herstellen, schädlich wirken würden. Da die Halbwertszeit über zwei Jahre [Anmerkung: 2,1 a] beträgt, dauert es etwa zehn Jahre, bis die ursprüngliche Aktivität auf ein Prozent ihres ursprünglichen Wertes abgeklungen ist.“

1. Beantworten Sie nun zum obigen Zitat folgende Fragen:

1.1. Was versteht man unter den Begriffen Radioaktivität, Halbwertszeit und Aktivität?

1.2. Stimmt die Aussage, die im 2. Satz gemacht wird? Rechnen Sie nach!

2. Die nachfolgenden Aufgaben beziehen sich auf folgende Tabelle:

radioaktives Isotop	emittierte Strahlung	Halbwertszeit	Zerfallskonstante
$^{134}_{55}Cs$	β^- und γ	2,1 a	0,33 a^{-1}
$^{90}_{38}Sr$	β^-	27,7 a	0,025 a^{-1}

2.1. Wie kann mit schulischen Mitteln experimentell bewiesen werden, daß das Strontium-90 Isotop ein reiner Betastrahler ist?

2.2. Nach wieviel Halbwertszeiten ist die Aktivität eines Strontium-90 Präparates auf 10 % des ursprünglichen Wertes abgeklungen?

2.3. Ein Strontium-90 Präparat und ein Caesium-134 Präparat enthalten jeweils 10^{13} radioaktive Atome.

2.3.1. Welches Präparat hat die größere Anfangsaktivität?
Begründen Sie Ihre Antwort durch eine Überlegung. Keine Rechnung!

2.3.2. Berechnen Sie die Anfangsaktivität beider Präparate in μCi.

2.3.3. Skizzieren Sie in das gleiche Koordinatensystem den graphischen Verlauf der Abhängigkeit der Aktivität beider Präparate von der Zeit.

OStR. *Walter Czech*
8908 Krumbach/Schw.

Entnehmen Sie aus der Zeichnung, nach welcher Zeit beide Präparate dieselbe Aktivität haben.
Für die Zeichnung: 1 a ≙ 1 cm; $0{,}5 \cdot 10^{12}\ a^{-1}$ ≙ 2 cm.

2.3.4. Rechnen Sie nach: Nach welcher Zeit haben beide Präparate tatsächlich dieselbe Aktivität? Vergleichen Sie mit dem zeichnerisch ermittelten Wert.

3. Das radioaktive Isotop Strontium-90 nimmt der Mensch hauptsächlich mit der Nahrung auf (die direkte Zufuhr aus der Luft durch die Lunge ist vernachlässigbar gering). In den Knochen wird das Sr-90 dann bevorzugt gespeichert.
Messungen in verschiedenen Teilen der Erde haben gezeigt, daß ein Erwachsener (Masse 70 kg) im Mittel soviel Sr-90 ständig aufnimmt, daß die Aktivität der gespeicherten Strontium-Menge dauernd ca. $2 \cdot 10^{-10}$ Ci beträgt.*)

3.1. Sr-90 ist ein reiner Betastrahler. Wieviele Zerfallsakte spielen sich also in einem Menschen in 1 min ab?

3.2. Wie groß ist etwa zu jedem Zeitpunkt die Masse des noch unzerfallenen Strontiums?

*) Die Meßergebnisse beziehen sich auf das Jahr 1963. Im Jahre 1965 wurde der Wert auf 10^{-9} Ci geschätzt.
Die Strahlenbelastung durch Strontium-90 ist hauptsächlich auf die Atombombentests zurückzuführen.

Die Lösungen:

Rohpunkte

1.1. Radioaktivität nennt man die Erscheinung, daß sich gewisse Isotope ohne jede äußere Einwirkung umwandeln und dabei eine charakteristische Strahlung aussenden. 1

Halbwertszeit ist die Zeit, nach der die Hälfte der radioaktiven Atomkerne zerfallen ist. 1

Die Aktivität ist die Anzahl der Kernumwandlungen, die je Sekunde in einem Präparat stattfinden. 1

1.2. Nach 10 a beträgt die Aktivität

$$A\,(10\text{ a}) = A_0\, e^{-\frac{\ln 2}{2,1\text{a}} \cdot 10\text{a}} = A_0 \cdot 0{,}03686$$

Die Aktizität ist damit erst auf 3,7 % (und nicht auf 1 %) der ursprünglich vorhandenen Aktivität abgesunken. 3

2.1. Da schulische Mittel (nach Text) genügen, können wir uns darauf beschränken zu zeigen, daß Strontium-90 *kein* α-Strahler und *kein* γ-Strahler ist.

Wir bringen dazu das Präparat z. B. vor einen Spitzenzähler, der bekanntlich nur Alphateilchen registriert. Spricht das Gerät nicht an, so ist gezeigt, daß Strontium-90 keine Alphateilchen emittiert.

Mittels eines Fensterzählrohres, das durch einige mm Blei abgeschirmt ist, und das demnach nur noch auf Gammaquanten anspricht, kann nachgewiesen werden, daß durch Strontium-90 auch keine Gammaquanten emittiert werden.

Das Ansprechen eines nicht abgeschirmten Fensterzählrohres auf ein Strontium-90 Präparat muß damit als dessen Beta-Strahlung gedeutet werden. 5

2.2. $A\,(t) = A_0\, e^{-\frac{\ln 2}{T} t}$; $A\,(t) = \frac{1}{10} A_0$ 3

$$\frac{1}{10} A_0 = A_0\, e^{-\frac{\ln 2}{T} t}$$

$$t = T \frac{\ln 10}{\ln 2}$$

$$t = 3{,}32 \cdot T;\ T = 27{,}7 \text{ a}$$

2.3.1. Das Cs-134 Präparat hat die kleinere Halbwertszeit und damit die größere Aktivität. 1

2.3.2. $A_0 = \lambda \cdot N_0;\ N_0 = 10^{13}$

$$A_{0,\,\mathrm{Sr\text{-}90}} = 0{,}025\ \mathrm{a}^{-1} \cdot 10^{13} = 0{,}025 \cdot (3{,}16 \cdot 10^7\ \mathrm{s})^{-1} \cdot 10^{13} \approx$$
$$\approx 0{,}0079 \cdot 10^6\ \mathrm{s}^{-1} = 0{,}21\ \mu\mathrm{Ci}$$
$$A_{0,\mathrm{Cs\text{-}134}} = 0{,}33\ \mathrm{a}^{-1} \cdot 10^{13} = 0{,}33 \cdot (3{,}16 \cdot 10^7\ \mathrm{s})^{-1} \cdot 10^{13} \approx$$
$$\approx 0{,}1 \cdot 10^6\ \mathrm{s}^{-1} = 2{,}8\ \mu\mathrm{Ci}$$ 2

2.3.3.

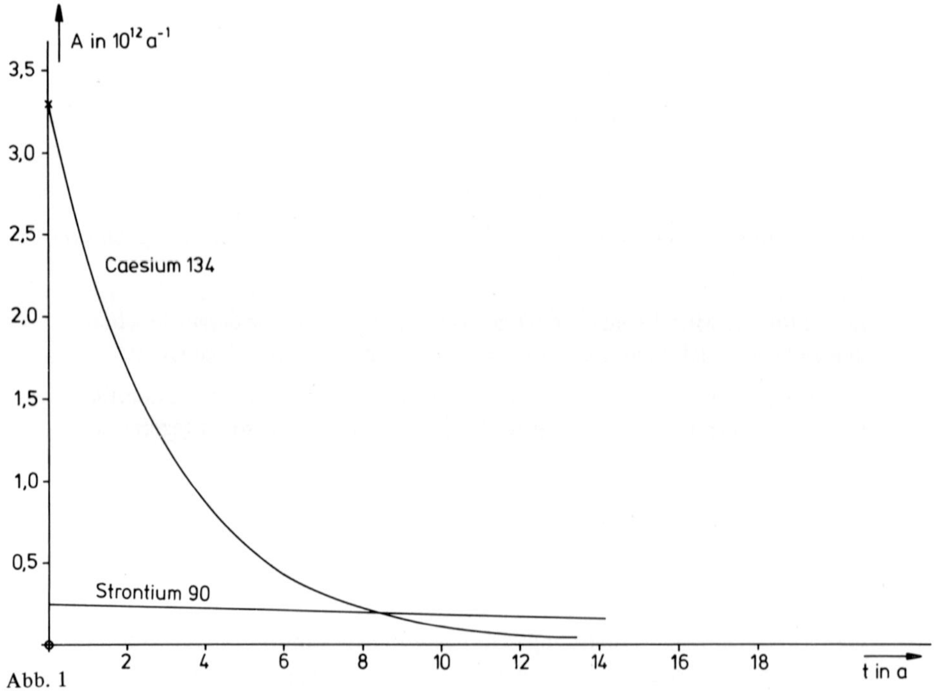

Abb. 1

Etwa nach 8,5 a sind die Aktivitäten beider Präparate gleich groß. 4

2.3.4. $A(t) = \lambda \cdot N(t)$ mit $N(t) = N_0\, e^{-\lambda t}$ 4

Also ist:

$$A(t) = \lambda \cdot N_0\, e^{-\lambda t}$$

Damit gilt der Ansatz:

$$\lambda_{Cs} \cdot N_0\, e^{-\lambda_{Cs} \cdot t} = \lambda_{Sr} N_0\, e^{-\lambda_{Sr} \cdot t},$$

woraus folgt

$$\frac{\lambda_{Cs}}{\lambda_{Sr}} = \frac{e^{-\lambda_{Sr} \cdot t}}{e^{-\lambda_{Cs} \cdot t}},$$

und nach t aufgelöst:

$$t = \frac{\ln\left(\frac{\lambda_{Cs}}{\lambda_{Sr}}\right)}{\lambda_{Cs} - \lambda_{Sr}}$$

$$t = 8{,}46 \text{ a}$$

3.1. $2 \cdot 10^{-10}\ \text{Ci} = 3{,}7 \cdot 10^{10} \cdot 2 \cdot 10^{-10}\ \frac{\text{Zerfallsakte}}{\text{s}} = 7{,}4 \frac{\text{Zerfallsakte}}{\text{s}}$

In 1 min spielen sich etwa 440 Zerfallsakte ab. 2

3.2. $A = \lambda \cdot N$ mit $N = \frac{L \cdot m}{M}$

$$N = \frac{6{,}0225 \cdot 10^{26} \cdot \text{kmol}^{-1} \cdot \text{m}}{90\ \text{kg} \cdot \text{kmol}^{-1}}$$

Also gilt:

$$A = \frac{\ln 2}{T} \cdot \frac{L \cdot m}{M}$$

$$m = \frac{A \cdot T \cdot M}{L \cdot \ln 2}$$

$$m = \frac{7{,}4\ \text{s}^{-1} \cdot 27{,}7 \cdot 3{,}16 \cdot 10^{7}\ \text{s} \cdot 90\ \text{kg}}{6{,}0225 \cdot 10^{26} \cdot \ln 2} \approx 1{,}4 \cdot 10^{-15}\ \text{kg}$$ 4

$\Sigma = 31$

Vorgeschlagener Notenschlüssel:

Rohpunkte	30–31	28–29	26–27	25	23–24	22	20–21	19	17–18
Punkte	15	14	13	12	11	10	9	8	7
Note		1			2			3	

Rohpunkte	15–16	14	12–13	10–11	8–9	6–7	0–5
Punkte	6	5	4	3	2	1	0
Note		4			5		6

W. Czech, Krumbach/Schw.

OStR. *Walter Czech*
8908 Krumbach/Schw.

Zeit-Ort-Diagramme (Minkowskidiagramme)

Die Aufgaben:

1. Zwei utopische Raumstationen ALPHA und BETA befinden sich relativ zueinander in Ruhe. Die Raumstationen sind mit physikalisch völlig gleichwertigen Uhren ausgestattet. Zur ALPHA-Zeit t_1 = 3.00 Uhr wird ein Radarsignal nach BETA geschickt, das dort sofort reflektiert auf ALPHA zur Ortszeit t_2 = 23.00 Uhr wieder empfangen wird.

1.1. Wie weit ist BETA von ALPHA entfernt?

1.2. Welche Zeit muß die Uhr auf BETA beim Eintreffen des Radarsignals anzeigen, wenn sie synchron zur ALPHA-Uhr gehen soll?

1.3. Stellen Sie den Vorgang in einem *t-x*-Diagramm (Minkowskidiagramm) dar.
Für die Zeichnung: 1 h $\hat{=}$ 1 cm; 1 LH $\hat{=}$ 1 cm.

2. Zur ALPHA-Zeit 12.00 Uhr startet Raumschiff A in Richtung Raumstation BETA. Es beschleunigt in sehr kurzer Zeit und entfernt sich dann von ALPHA geradlinig und mit der konstanten Relativgeschwindigkeit $v = \frac{2}{3}c$. Gleichzeitig startet Raumschiff B von BETA in Richtung ALPHA. Auch dieses beschleunigt in sehr kurzer Zeit und nähert sich mit konstanter Geschwindigkeit auf Parallelkurs zum Raumschiff A der Station ALPHA.

2.1. Zum gleichen Zeitpunkt, in dem die Raumschiffe starten, geht ein Radarsignal von ALPHA zum Raumschiff B. Sobald das Signal dort ankommt, wird vom Raumschiff B ein zweites Signal nach ALPHA geschickt. Dort kommt das Signal genau 30 Minuten nach Mitternacht an. Erklären Sie anhand einer Skizze, wie man daraus errechnen kann, daß sich das Raumschiff B mit 0,6 c der Raumstation ALPHA nähert.
Die kurzzeitige Beschleunigungsphase soll unberücksichtigt bleiben.

2.2. Veranschaulichen Sie die Bewegung der Raumschiffe relativ zu den Raumstationen mit Hilfe eines *Minkowski*-Diagramms.
Zeichnen Sie auch die Weltlinien der Radarsignale ein.
Für die Zeichnung: 1 h $\hat{=}$ 1 cm; 1 Lh $\hat{=}$ 1 cm.

3. Wir beziehen uns auf die in 2.2. angefertigte Zeichnung:

3.1. Von ALPHA geht zum Zeitpunkt 10.00 Uhr ein Radarsignal zum Raumschiff B. In welcher Entfernung von ALPHA erreicht das Signal das Raumschiff? – Zeichnerische und rechnerische Lösung!

3.2. Sobald das Radarsignal am Raumschiff B ankommt, geht von diesem ein Signal nach ALPHA und nach BETA. Zu welchen Zeitpunkten kommen die Signale dort jeweils an? – Nur zeichnerische Lösung!

3.3. Entnehmen Sie aus der Zeichnung: Zu welchem Zeitpunkt geschieht das Ereignis „Raumschiff A begegnet Raumschiff B"?

3.4. Im gleichen Moment, in dem sich die beiden Raumschiffe begegnen, schickt Raumschiff B ein Signal nach ALPHA. Um wieviel Stunden kommt dieses Radarsignal früher auf ALPHA an als das Raumschiff selbst? – Nur zeichnerische Lösung!

OStR. *Walter Czech*
8908 Krumbach/Schw.

Die Lösungen:

Rohpunkte

1.1. Zur ALPHA-Zeit t_r wird das Signal an BETA reflektiert. Es gilt dann:

$$t_r - t_1 = t_3 - t_r$$

Also

$$t_r = \frac{t_3 + t_1}{2}\ ; \quad t_r = \frac{23.00 \text{ Uhr} + 3.00 \text{ Uhr}}{2} = 13.00 \text{ Uhr}$$

Das Signal benötigt damit 10 h, um von ALPHA nach BETA zu kommen. Die Raumstationen sind 10 Lh entfernt. 3

1.2. 13.00 Uhr 1

1.3. 3

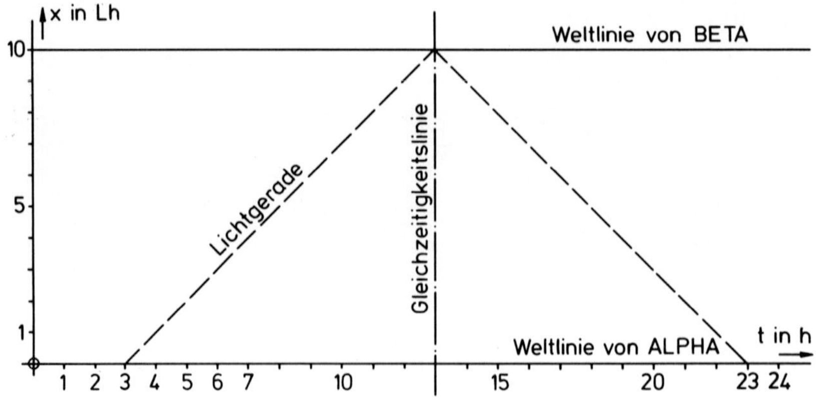

Abb. 1

2.1.

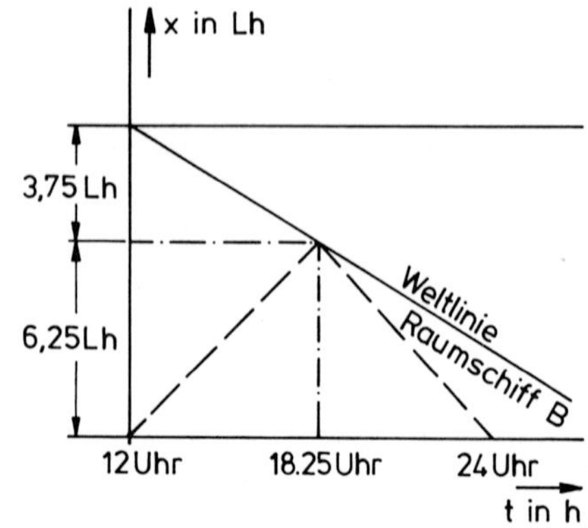

Abb. 2

Das Radarsignal erreicht zum Zeitpunkt

(12.00 + 6.25) Uhr = 18.25 Uhr

Raumschiff B. Das Radarsignal hat demnach die Entfernung 6.25 Lh zurückgelegt; das Raumschiff B die Entfernung 10 Lh – 6,25 Lh = 3,75 Lh.
Die Relativgeschwindigkeit des Raumschiffes B beträgt

$$v = \frac{3{,}75 \text{ Lh}}{6{,}25 \text{ h}} = \frac{3{,}75 \text{ c} \cdot 1 \text{ h}}{6{,}25 \text{ h}} = 0{,}6 \text{ c}$$ 5

2.2. Siehe Abb. 3 3

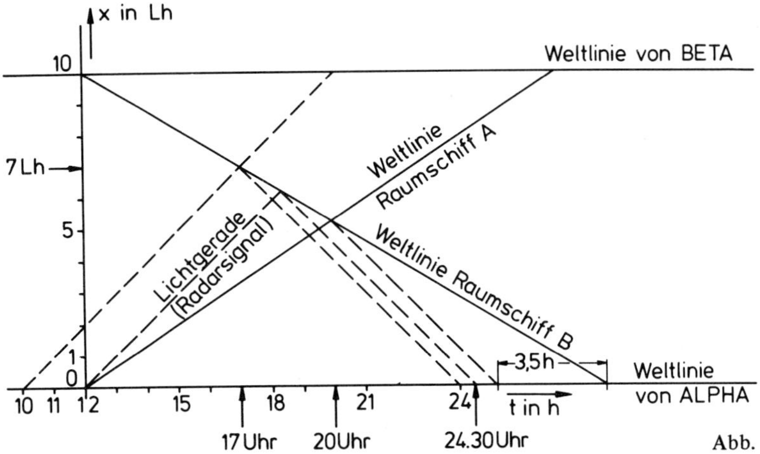

Abb. 3

3.1. Aus $0{,}6\, c \cdot \Delta t + c \cdot \Delta t = 8\, c \cdot 1 \text{ h}$

folgt $\Delta t = \frac{8\, c}{1{,}6\, c} \cdot 1 \text{ h}$

$\Delta t = 5 \text{ h}$

Das Radarsignal trifft Raumschiff B zum Zeitpunkt t = (12.00 + 5.00) Uhr = 17.00 Uhr, und demnach 2 Lh + 5 Lh = 7 Lh von ALPHA entfernt. 5

Die Zeichnung (→ Abb. 3) bestätigt dieses Ergebnis. 1

3.2. Das Radarsignal trifft

- auf ALPHA um 24.00 Uhr,
- auf BETA um 20.00 Uhr ein. 2

3.3. Die Raumschiffe begegnen sich zur ALPHA(BETA)-Zeit 19 Uhr 50 min. (Genauerer Wert nach Rechnung: 19 Uhr 54 min) 1

3.4. Das Signal kommt etwa um 3,5 h früher an. 1

Σ = 25

OStR. *Walter Czech*
8908 Krumbach/Schw.

Bewertungsschlüssel:

(Normenbuch Physik)

Rohpunkte	25	23–24	21–22	20	18–19	17	16	15	14	13	11–12	10
Punkte	15	14	13	12	11	10	9	8	7	6	5	4
Note		1			2			3			4	

Rohpunkte	8–9	6–7	5	0–4
Punkte	3	2	1	0
Note		5		6

W. Czech, Krumbach/Schw.

OStR. *Walter Czech*
8908 Krumbach/Schw.

Raumschiffe tauschen Radarsignale aus (Zeitdilatation)

Die Aufgaben:

Zwei Raumschiffe fliegen aneinander vorbei. Die Kapitäne beider Raumschiffe stellen durch Radarmessung fest, daß sich das andere Raumschiff geradlinig und gleichförmig relativ zum eigenen Raumschiff bewegt; die Uhren beider Raumschiffe zeigen in dem Augenblick, in dem die Raumschiffe einander passieren, genau Null Uhr.

a) Der Kapitän des Raumschiffes A erhält bei seinem Experiment, die Relativgeschwindigkeit des Raumschiffes B zu messen, folgendes Meßergebnis: Ein Radarsignal R_1, das er 98 s nach dem Passieren des Raumschiffes B diesem nachsendet, erhält er zum Zeitpunkt 102 s wieder zurück. Er weiß, daß das Radarsignal sofort am Raumschiff B reflektiert wurde.

Ermitteln Sie daraus den Geschwindigkeitsbetrag des Raumschiffes B, den dieses relativ zum Raumschiff A hat.

Leiten Sie die Formel, die Sie zur Berechnung benutzen, anhand eines Weltlinienbildes ab, das diesen Vorgang wiedergibt. Eine maßstabsgerechte Zeichnung ist nicht notwendig.

b) Den Zeitpunkt, zu dem das Radarsignal am Raumschiff B ankommt, nennt der Kapitän des Raumschiffes A in seinem System S $(t; x)$ 100 s und in dem relativ zu ihm bewegten System S′ $(t'; x')$, das er sich mit Raumschiff B verbunden denkt, t_B.

A stellt die Beziehung auf $\boxed{t_B = k \cdot 98\ \mathrm{s}}$.

Erläutern Sie, wie A zu diesem Ansatz kommt.

k ist eine Konstante, die nur von der Relativgeschwindigkeit beider Raumschiffe abhängt.

c) Stellen Sie sich nun vor, daß B seinerseits das (von ihm) reflektierte Radarsignal R_2 benutzt, um die Relativgeschwindigkeit von A zu messen. Er nennt den Zeitpunkt, zu dem das Signal am Raumschiff A ankommt, $t_A = k \cdot t_B$. A teilt B mit, daß das Signal bei ihm zum Zeitpunkt 102 s reflektiert wurde. Also stellt B seinerseits die Beziehung

auf $\boxed{102\ \mathrm{s} = k \cdot t_B}$.

Begründen Sie, weshalb k in beiden „umrahmten" Beziehungen denselben Zahlenwert haben muß.

OStR. *Walter Czech*
8908 Krumbach/Schw.

d) Kombinieren Sie die „umrahmten" Beziehungen und berechnen Sie den Zeitpunkt, zu dem nach B's Uhr das Radarsignal am Raumschiff A reflektiert wurde.

e) Zu welchem Zeitpunkt wurde das Radarsignal R_1 nach A's Uhr am Raumschiff B reflektiert?

f) Vergleichen Sie die Ergebnisse der Aufgaben d) und e) miteinander. Welche Folgerungen können Sie daraus ziehen?

Die Lösungen:

Rohpunkte

a)

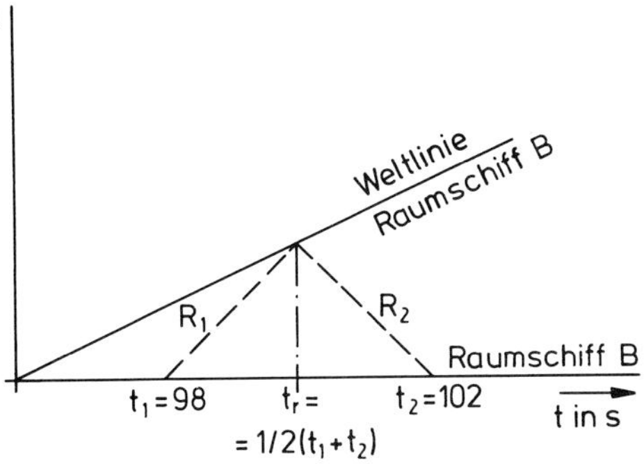

Abb. 1

In Δt legt das Radarsignal den Weg

$$\Delta x = c \cdot \Delta t = c \cdot (t_r - t_1) = c\ (\frac{1}{2} t_1 + \frac{1}{2} t_2 - t_1) = \frac{1}{2} c\,(t_2 - t_1)$$

zurück.

Das Raumschiff braucht für denselben Weg die Zeit t_r. Aus

$$v = \frac{\Delta x}{\Delta t}$$

folgt

$$v = \frac{\frac{1}{2} c\,(t_2 - t_1)}{\frac{1}{2}\,(t_1 - t_2)} = c\,\frac{t_2 - t_1}{t_2 + t_1}$$

Mit den Zahlenwerten $t_1 = 98$ s und $t_2 = 102$ s erhält man damit

$$v = c\,\frac{102\text{ s} - 98\text{ s}}{200\text{ s}} = \frac{1}{50} c = 6 \cdot 10^6\ \frac{\text{m}}{\text{s}}.$$ 5

b) Im System S $(t;\ x)$ von A verläuft die Zeit linear, d. h. das Zeitintervall von 12.00 Uhr–13.00 Uhr zum Beispiel dauert ebenso lange wie das Zeitintervall von 16.00 Uhr–17.00 Uhr.

Wäre nun die Zeit im System S′ $(t';\ x')$ nicht proportional zur Zeit von S $(t;\ x)$, *so würde die Zeit in S′ auch nicht linear verlaufen.* Dies würde bedeuten, daß sich zum Beispiel die Schwingungsdauer eines Pendels oder eines Dipols laufend ändern müßte. In S′ würden also physikalische Gesetzmäßigkeiten gelten, die in S

OStR. *Walter Czech*
8908 Krumbach/Schw.

nicht gelten. Das ist jedoch ein Widerspruch zum Relativitätspostulat, wonach *alle* physikalischen Gesetze in *jedem* Intervallsystem *in gleicher Weise gelten.*

A muß also davon ausgehen, daß die Zeit in S′ proportional zur Zeit in seinem eigenen System S verläuft. Also gilt:

$t_B \sim 98$ s oder $t_B = k \cdot 98$ s 5

c) Da k nur von der Relativgeschwindigkeit abhängt, muß es von beiden Systemen aus betrachtet auch denselben Zahlenwert haben. 3

d) $t_B = k \cdot 98 \text{ s}$ (1)

$102 \text{ s} = k \cdot t_B$ (2)

Aus (2): $k = \dfrac{102 \text{ s}}{t_B}$

eingesetzt in (1):

$$t_B = \frac{102 \text{ s}}{t_B} \cdot 98 \text{ s}$$

$$\Leftrightarrow t_B^2 = 98 \cdot 102 \text{ s}^2$$

$$\Leftrightarrow t_B = 99{,}9799 \text{ s}$$ 4

e) $t_A = 100$ s 1

f) $t_B \neq t_A$; jedes System hat seine eigene Zeit 2

$\Sigma = 20$

Bewertungsschlüssel:
(Normenbuch Physik)

Rohpunkte	20	18–19	17	16	15	14	13	12	11	10	9	8	7	5–6	4	0–3
Punkte	15	14	13	12	11	10	9	8	7	6	5	4	3	2	1	0
Note		1			2			3			4			5		6

W. Czech, Krumbach/Schw.

OStR. *Walter Czech*
8908 Krumbach/Schw.

Relativistisches Allerlei

Die Aufgaben:

1. *Synchronisierung von Uhren*

Zwei Uhren sollen synchronisiert werden. Ein Beobachter, der sich relativ zu den Uhren in Ruhe befindet, denkt sich dazu folgendes Experiment aus: Er stellt in der Mitte zwischen den Uhren eine Blitzlampe auf; zündet diese und setzt die Uhren durch die bei den Uhren ankommenden Lichtsignale in Gang.

1.1. Begründen Sie, weshalb der Beobachter sicher sein kann, daß die Uhren tatsächlich synchronisiert werden.

1.2. Stellen Sie sich vor, daß im gleichen Augenblick, in dem unser Beobachter (A) sein Experiment startet, ein anderer Beobachter (B) mit relativ großer Geschwindigkeit den Mittelpunkt zwischen den beiden Uhren passiert.

Sind für den Beobachter B die beiden Uhren dann ebenfalls synchronisiert?

Erläutern Sie Ihre Antwort anhand eines geeigneten *Minkowski*-Diagramms.

2. *Nieder mit der Relativitätstheorie*

Herr Kritisch macht folgenden Einwand gegen die Relativitätstheorie: „Wenn also U eine Uhr im Inertialsystem S ist und U′ eine Uhr im relativ zu S bewegten Inertialsystem S′, so müßte Uhr U′ gegenüber der Uhr U nachgehen und da die Systeme gleichwertig sind, müßte demnach auch U gegenüber U′ nachgehen. Das ist aber ein logischer Widerspruch!“

Nehmen Sie zu dieser Aussage Stellung.

3. *Ereignisse*

Ist es wahr, daß zwei Ereignisse, die für einen Beobachter A am gleichen Ort und zur gleichen Zeit geschehen, auch von einem Beobachter B als gleichzeitig beurteilt werden, wenn dieser sich relativ zu A geradlinig und gleichförmig bewegt?

Begründen Sie mit Hilfe der *Lorentz-Transformationen.*

OStR. *Walter Czech*
8908 Krumbach/Schw.

Die Lösungen:

Rohpunkte

1.1. Nach dem Prinzip von der Konstanz und Unabhängigkeit der Lichtgeschwindigkeit breiten sich die Lichtsignale in beide Richtungen gleich schnell aus. Da die Lichtsignale am gleichen Ort entstehen, müssen sie (bei gleicher Geschwindigkeit in allen Richtungen) am Ort der jeweils gleich weit entfernten Uhren auch gleichzeitig ankommen. 3

1.2. Für B sind die Uhren nicht synchronisiert! 5

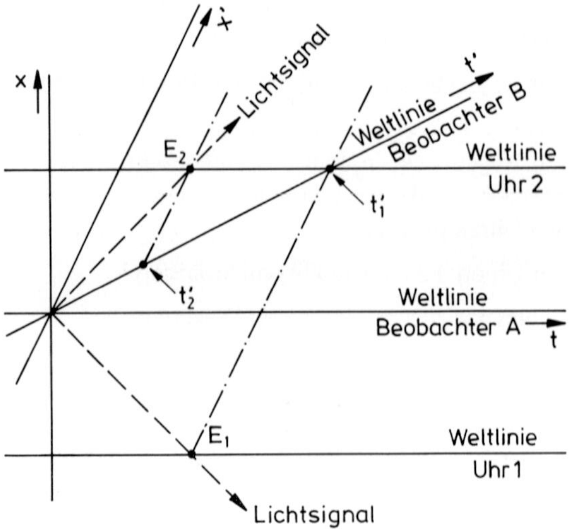

Abb. 1: Vom Beobachter B [ruht in S' $(t'; x')$] beurteilt, finden E_1 und E_2 *nicht* gleichzeitig statt; E_2 geschieht vor E_1 $(t_2' < t_1')$.

2. Es wird nicht *eine Uhr U mit einer Uhr U' verglichen.* Es wird vielmehr zu verschiedenen Zeitpunkten t_1' und t_2' die Zeigerstellung einer Uhr U' mit der Zeigerstellung derjenigen in S verglichen, die der Uhr U' in diesem Moment gegenübersteht. Die Uhr U' steht damit zu den Zeitpunkten t_1' und t_2' jeweils einer anderen Uhr in S gegenüber. Daraus folgt, daß man *in S mindestens zwei synchronisierte Uhren* haben muß, damit der Uhrenvergleich stattfinden kann. Analog kann der Beobachter in S die Anzeige seiner Uhr mit den Anzeigen zweier verschiedener Uhren in S' vergleichen, die seiner Uhr im Moment des Uhrenvergleiches gegenüberstehen.

Und da Gleichzeitigkeit relativ ist, wird der Beobachter in S' feststellen, daß seine Uhren synchronisiert sind, während er von der relativ zu ihm bewegten Uhr U sagen wird, daß diese nicht mehr synchron mit seinen Uhren läuft. 8

3. Gegeben sind die Ereignisse E_1 $(t_1; x_1)$ und E_2 $(t_1; x_2)$. Von B aus beurteilt haben diese Ereignisse die Zeit-Koordinaten

$$t_1' = \frac{1}{\sqrt{1-\left(\frac{v}{c}\right)^2}} \left(t_1 - \frac{v}{c^2}\, x_1\right)$$

$$t_2' = \frac{1}{\sqrt{1-\left(\frac{v}{c}\right)^2}} \left(t_1 - \frac{v}{c^2}\, x_1\right)$$

Man ersieht unmittelbar: $t_1' = t_2'$. 2

$\Sigma = 18$

Bewertungsschlüssel:

Rohpunkte	18	17	16	15	14	13	12	11	10	9	8	7	6	5	4	0–3
Punkte	15	14	13	12	11	10	9	8	7	6	5	4	3	2	1	0
Note		1			2			3			4			5		6

W. Czech, Krumbach/Schw.

OStR. *Walter Czech*
8908 Krumbach/Schw.

Zeitdilatation – Längenkontraktion

Die Aufgaben:

Ein utopisches Raumschiff fliegt an einer interplanetaren Raumstation mit der Geschwindigkeit v = 0,6 c vorbei. Der Kapitän des Raumschiffes und der Beobachter auf der Raumstation sind sich einig, daß ihre Uhren in dem Augenblick Null Uhr anzeigen, in dem das Heck des Raumschiffes die Raumstation passiert.

Durch Radarmessung findet der Beobachter auf der Raumstation heraus, daß das Raumschiff – von ihm aus betrachtet – genau $6{,}0 \cdot 10^8$ m lang ist.

1. Legen Sie ein rechtwinkliges *t*-*x*-Koordinatensystem für den Beobachter auf der Raumstation an (Zeitachse: 1 s ≙ 1 cm; Wegachse: $3 \cdot 10^8$ m ≙ 1 cm).

   Tragen Sie die Weltlinien der Raumschiffspitze und des Raumschiffhecks ein.

2. Am Bug und am Heck des Raumschiffes sind jeweils Radarschirme montiert. Zum Zeitpunkt $t_1 = 2$ s (Raumstation-Zeit) geht ein Signal zum Raumschiff. Das Signal passiert den Heck-Schirm zur S′ (t'; x')-Zeit t'_H, den Bug-Schirm zur S′-Zeit t'_B. Das Raumschiff ruht bezüglich des S′ (t'; x')-Systems. Sobald das Signal am Bug-Schirm ankommt, geht von dort ein Radarsignal zur Raumstation zurück. Das Signal passiert den Heck-Schirm zur S′-Zeit T'_H und trifft zur S-Zeit t_4 auf der Raumstation ein.

2.1. Ergänzen Sie die in 1. angelegte Zeichnung und berechnen Sie sodann nach S-Zeit den Zeitpunkt t_r, zu dem das von der Raumstation abgeschickte Signal am Bug-Schirm eintrifft. (Ergebnis: $t_r = 10$ s)

2.2. Berechnen Sie den Wert für t_4.

2.3. Berechnen Sie den Wert für t'_H, T'_H sowie t'_B.

2.4. Zur S-Zeit $t_2 = 4$ s geht ein weiteres Radarsignal zum Raumschiff. Sobald das Signal am Heck-Schirm ankommt, geht von dort ein Signal zur Raumstation zurück. Zu welcher S-Zeit T_r kommt das Signal am Heck-Schirm an? Zu welcher S′-Zeit T'_r kommt es am Heck-Schirm an?

2.5. Vergleichen Sie den Wert für t_r mit dem Wert für T_r!

Welche geometrische Größe könnte der Beobachter auf der Raumstation nunmehr in Bezug auf das Raumschiff ausrechnen?
Erläutern Sie Ihre Antwort.

2.6. Welchen Wert ermittelt ein relativ zum Raumschiff ruhender Beobachter für die Länge des Raumschiffes?

2.7. Von der Spitze und vom Heck des Raumschiffes werden gleichzeitig zum Zeitpunkt $t' = 4$ s Lichtsignale abgesandt.
In welcher Entfernung von der Raumstation müßte sich ein Beobachter aufhalten, damit bei ihm die Lichtsignale gleichzeitig eintreffen? – Lösung nur durch Zeichnung!

OStR. *Walter Czech*
8908 Krumbach/Schw.

Die Lösungen:

Rohpunkte

1. 4

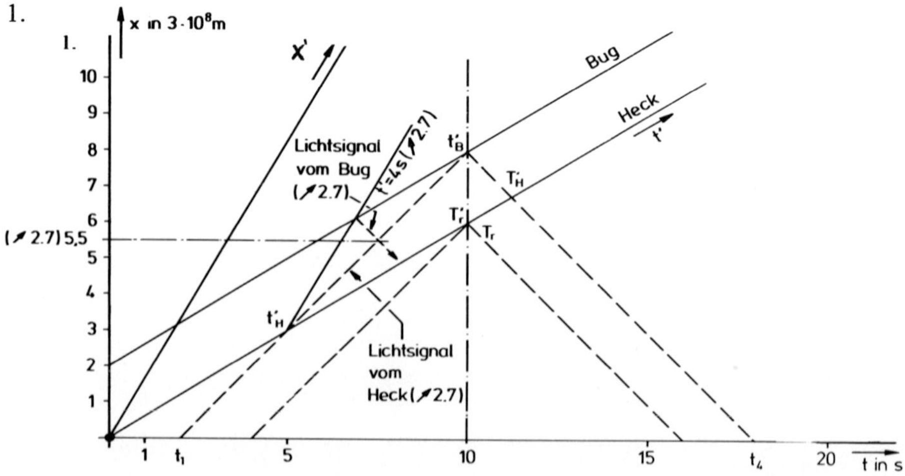

2.1. $c\,(t_r - 2\text{ s}) = \mathrm{v} \cdot t_r + 6 \cdot 10^8\text{ m}$

$t_r\,(c - \mathrm{v}) = 6 \cdot 10^8\text{ m} + c \cdot 2\text{s}$

$$t_r = \frac{6 \cdot 10^8\text{ m} + 6 \cdot 10^8\text{ m}}{0{,}4\,c}$$

$t_r = 10\text{ s}$ 6

2.2. $t_r = \dfrac{t_1 + t_4}{2}$; $t_r = 10\text{ s}$

Nach t_4 aufgelöst:

$t_4 = 20\text{ s} - t_1$

$t_4 = 18\text{ s}$ 2

2.3. Für t'_{H} gilt: $t'_{\mathrm{H}} = \mathrm{k} \cdot t_1$; $\mathrm{k} = \sqrt{\dfrac{c + \mathrm{v}}{c - \mathrm{v}}} = 2$

$t'_{\mathrm{H}} = 2 \cdot 2\text{ s}$

$t'_{\mathrm{H}} = 4\text{ s}$ 2

Für T'_{H} gilt: $T'_{\mathrm{H}} = \dfrac{1}{\mathrm{k}}\,t_4$

$T'_{\mathrm{H}} = \dfrac{1}{2}\,18\text{ s} = 9\text{ s}$ 3

Für t'_B gilt: $t'_B = \dfrac{t'_H + T'_H}{2}$

$t'_B = \dfrac{1}{2}\ 13\ \text{s} = 6{,}5\ \text{s}$ 4

2.4. $T'_r = \text{k} \cdot t_2;\quad T'_r = 2 \cdot 4\ \text{s} = 8\ \text{s}$ 2

Für T_r gilt dann der Ansatz:

$(T_r - 4\ \text{s})\, c = \text{v} \cdot T_r$

$T_r\,(c - \text{v}) = 4\ \text{s} \cdot c$

$T_r = \dfrac{4\ \text{s} \cdot c}{0{,}4\, c} = 10\ \text{s}$ 5

2.5. $t_r = T_r$, d. h. die Radarsignale werden von S aus betrachtet gleichzeitig am Heck und am Bug reflektiert. 3
Die Länge des Raumschiffes kann somit mit Hilfe dieser beiden Radarsignale berechnet werden.

(Hier die Überlegung: Zwei Radarsignale, die im zeitlichen Abstand von 2 s ausgestrahlt werden, treffen – von S aus beurteilt – gleichzeitig am Bug bzw. Heck ein. Damit ist das Raumschiff – von S aus beurteilt – 2 Ls = $6{,}0 \cdot 10^8$ m lang.)

2.6. Δx = Länge des Raumschiffes, beurteilt von S $(t; x)$ aus
$\Delta x'$ = Länge des Raumschiffes, gemessen von S′ $(t'; x')$ aus.

Lösung 1:

$$\Delta x' = c \cdot \frac{T'_H - t'_H}{2} = \frac{c}{2} \cdot (9\ \text{s} - 4\ \text{s})$$

$$\Delta x' = \frac{5}{2}\ \text{s} \cdot c$$

$$\Delta x' = 7{,}5 \cdot 10^8\ \text{m}$$

Lösung 2:

$$\Delta x' = \frac{\Delta x}{\sqrt{1 - \left(\frac{\text{v}}{c}\right)^2}}\ ;\quad \frac{\text{v}}{c} = 0{,}6$$

$$\Delta x' = \frac{6 \cdot 10^8\ \text{m}}{0{,}8} = 7{,}5 \cdot 10^8\ \text{m}$$

3

OStR. *Walter Czech*
8908 Krumbach/Schw.

2.7. $5{,}5 \cdot 3 \cdot 10^8$ m = $16{,}5 \cdot 10^8$ m (→ Abb. 1) 4

Σ = 38

Bewertungsschlüssel:
(Normenbuch Physik)

Rohpunkte	37–38	34–36	32–33	31	28–30	27	25–26	23–24	21–22
Punkte	15	14	13	12	11	10	9	8	7
Note		1			2			3	

Rohpunkte	19–20	17–18	15–16	13–14	10–12	8–9	0–7
Punkte	6	5	4	3	2	1	0
Note		4		5		6	

W. Czech, Krumbach/Schw.

L o r e n t z -Transformation

D i e A u f g a b e n :

1. Zwei Ereignisse E_1' $(t_1'; x_1')$ und E_2' $(t_2'; x_2')$ geschehen für den Beobachter B am gleichen Ort, aber zu verschiedenen Zeiten. Es gelte $t_1' < t_2'$.

1.1. Ist es wahr, daß die Ereignisse E_1' und E_2' – beurteilt vom Standort eines relativ zu B geradlinig und gleichförmig bewegten Beobachters A – an verschiedenen Orten geschehen?

Begründen Sie anschaulich und dann mit Hilfe der *Lorentz*-Transformation.

1.2. Berechnen Sie das Ortsintervall Δx für den Fall, daß $t_2' - t_1' = 2$ s und v = 20 m · s^{-1}.

1.3. Welches Ergebnis hätten Sie in 1.2. nach der *Galilei*-Transformation erwartet?

2. Zwei Ereignisse E_1' $(t_1'; x_1')$ und E_2' $(t_2'; x_2')$ geschehen im System S′ $(t'; x')$ gleichzeitig, aber an verschiedenen Orten. Es gelte $x_2' > x_1'$.

2.1. Können dieselben Ereignisse vom Inertialsystem S $(t; x)$ aus beurteilt und auch gleichzeitig sein?

2.2. Berechnen Sie $\Delta t = t_2 - t_1$ für den Fall, daß $\Delta x' = 250$ m und v = 20 m · s^{-1}.

2.3. Was sollte man nach der *Galilei*-Transformation in 2.2. erwarten?

3. Zwei Signallampen sind im Abstand von 1 km neben einer schnurgerade verlaufenden Bahnstrecke aufgestellt. Durch den Bahndamm ist ein Inertialsystem S $(t; x)$ festgelegt. Die Lampen sollen nun bezüglich eines in S ruhenden Beobachters gleichzeitig aufleuchten.

Mit welcher gleichförmigen Geschwindigkeit v muß ein Zug an den Lampen vorbeifahren, damit von einem Zugbeobachter aus beurteilt, die Lampen im zeitlichen Abstand von

3.1. 1 s

3.2. 1 μs aufblitzen?

Welche Lampe, blitzt vom Zugbeobachter aus beurteilt, zuerst auf?

OStR. *Walter Czech*
8908 Krumbach/Schw.

Die Lösungen:

Rohpunkte

1.1. Beispiel: Ein Zugreisender öffnet das Fenster (Ereignis E'_1) und setzt sich wieder hin (Ereignis E'_2).

Vom Beobachter B beurteilt, der relativ zum Zug ruht, geschehen beide Ereignisse zu verschiedenen Zeiten, aber am gleichen Ort. Anders sieht es ein Beobachter, der auf dem Bahnsteig steht: beide Ereignisse geschehen zu verschiedenen Zeiten und – im System des Bahnsteigs- an verschiedenen Orten. 2

Rechnung:

Nach der *Lorentz*-Transformation gilt:

$$x_1 = \frac{1}{\sqrt{1-\left(\frac{v}{c}\right)^2}}\,(x'_1 + v\,t'_1)$$

$$x_2 = \frac{1}{\sqrt{1-\left(\frac{v}{c}\right)^2}}\,(x'_2 + v\,t'_2)$$

Also:

$$\Delta x = x_2 - x_1 = \frac{1}{\sqrt{1-\left(\frac{v}{c}\right)^2}}\,[v\,(t'_2 - t'_1) + x'_2 - x'_1]$$

Darin $x'_2 = x'_1$ eingesetzt, ergibt

$$\Delta x = \frac{1}{\sqrt{1-\left(\frac{v}{c}\right)^2}}\,v\,(t'_2 - t'_1)$$ 3

1.2. $$\Delta x = \frac{20\ \mathrm{m\,s^{-1}} \cdot 2\ \mathrm{s}}{\sqrt{1-\left(\frac{2}{3\cdot 10^7}\right)^2}} = 40\ \mathrm{m}$$ 1

1.3. Nach der *Galilei*-Transformation hätten wir dasselbe Ergebnis. Begründung:

$$\sqrt{1-\left(\frac{2}{3\cdot 10^7}\right)^2} \approx 1!$$ 2

2.1. Der Begriff der Gleichzeitigkeit hat nur relativ zu einem bestimmten Inertialsystem einen Sinn. Geschehen zwei Ereignisse bezüglich eines Systems S′ gleichzeitig, so können sie es bezüglich eines anderen Inertialsystems S nicht mehr sein. 2

2.2. Nach der *Lorentz*-Transformation gilt

$$t_1 = \frac{1}{\sqrt{1-(\frac{v}{c})^2}}\,(t'_1 + \frac{x'_1 \cdot v}{c^2})$$

$$t_2 = \frac{1}{\sqrt{1-(\frac{v}{c})^2}}\,(t'_2 + \frac{x'_2 \cdot v}{c^2})$$

Also

$$\Delta t = t_2 - t_1 = \frac{1}{\sqrt{1-(\frac{v}{c})^2}}\,(t'_2 - t'_1 + \frac{v}{c^2}(x'_2 - x'_1))$$

Darin $t'_2 = t'_1$ eingesetzt, ergibt:

$$\Delta t = \frac{1}{\sqrt{1-(\frac{v}{c})^2}}\,(x'_2 - x'_1)\,\frac{v}{c^2}$$ 3

$$\Delta t = \frac{250\ \text{m}}{\sqrt{1-(\frac{2}{3 \cdot 10^7})^2}}\;\frac{20\,\frac{\text{m}}{\text{s}}}{9 \cdot 10^{16}\ \frac{\text{m}^2}{\text{s}^2}} = 5{,}55 \cdot 10^{-14}\ \text{s}$$ 1

2.3. $\Delta t = 0$ 1

3. Das Aufleuchten der Lampen stellt die Ereignisse $E_1\ (t_1; x_1)$ und $E_2\ (t_2; x_2)$ dar. Es gelte dabei $x_2 > x_1$.

Von S' aus beurteilt lauten die Zeit-Koordinaten

$$t'_1 = \frac{1}{\sqrt{1-(\frac{v}{c})^2}}\,(t_1 - \frac{x_1 \cdot v}{c^2})$$

$$t'_2 = \frac{1}{\sqrt{1-(\frac{v}{c})^2}}\,(t_2 - \frac{x_2 \cdot v}{c^2})$$

Also ist mit $t_2 = t_1$:

$$t'_2 - t'_1 = -\frac{1}{\sqrt{1-(\frac{v}{c})^2}}\,(x_2 - x_1) \cdot \frac{v}{c^2} \qquad (1)$$

OStR. *Walter Czech*
8908 Krumbach/Schw.

Daraus ersieht man, daß die Lampe an der Stelle $x = x_2$, vom Zugbeobachter aus beurteilt, zuerst aufleuchtet. 5

3.1. Wir lösen (1) nach v auf. Dazu setzen wir vorher:

$t'_2 - t'_1 = T'; \quad x_2 - x_1 = l.$

Also:

$$T'^2 = \frac{1}{1-\left(\frac{v}{c}\right)^2} \cdot l^2 \cdot \frac{v^2}{c^4}$$

$$T'^2 - T'^2 \frac{v^2}{c^2} = \frac{v^2}{c^4} l^2$$

$$v^2 \left(\frac{l^2}{c^4} + \frac{T'^2}{c^2}\right) = T'^2$$

$$v^2 = \frac{T'^2 \cdot c^4}{l^2 + c^2 T'^2}$$

$$v = \frac{T' \cdot c^2}{\sqrt{l^2 + c^2 T'^2}}$$ 4

Mit den Zahlenwerten $l = 10^3$ m, $T' = 1$ s wird

$$v = \frac{1\ \text{s}}{\sqrt{10^6\ \text{m}^2 + 9 \cdot 10^{16}\ \text{m}^2}}\, c^2 \approx \frac{1\ \text{s}}{3 \cdot 10^8\ \text{m}}\, c^2 = c$$ 2

3.2. $l = 10^3$ m; $T' = 10^{-6}$ s

$$v = \frac{10^{-6}\ \text{s}}{\sqrt{10^6\ \text{m}^2 + 9 \cdot 10^{16} \cdot 10^{-12}\ \text{m}^2}}\, c^2 = \frac{10^{-6}\ \text{s}}{\sqrt{1{,}09 \cdot 10^6\ \text{m}^2}}\, c^2 =$$

$$= 0{,}96 \cdot 10^{-9}\ \frac{\text{s}}{\text{m}} \cdot 9 \cdot 10^{16}\ \frac{\text{m}^2}{\text{s}^2} = 8{,}62 \cdot 10^7\ \frac{\text{m}}{\text{s}}$$ 2

$\Sigma = 28$

Bewertungsschlüssel:

Rohpunkte	27–28	26	24–25	23	21–22	20	18–19	17	15–16	14	12–13	11
Punkte	15	14	13	12	11	10	9	8	7	6	5	4
Note		1			2			3			4	

Rohpunkte	9–10	8	6–7	0–5
Punkte	3	2	1	0
Note		5		6

W. Czech, Krumbach/Schw.

Dipl.-Phys. *Hans-Joachim Nestler*
8752 Mainaschaff

Wellenoptik – Relativitätstheorie

Die Aufgaben:

1.1. *Fresnel* hat zwei grundlegende Versuche zur Interferenz angegeben.
Erläutern Sie einen der beiden.

1.2. Erklären Sie, warum bei der Reflexion Licht zumindest teilweise polarisiert wird.

2.1. Myonen sind instabile Teilchen, die beim Eindringen kosmischer Strahlung in die Erdatmosphäre entstehen. Ruhende Myonen haben eine Halbwertszeit von $1{,}5 \cdot 10^{-6}$ s. Da ihre Geschwindigkeit 0,95 c beträgt, wäre zu erwarten, daß von 1000 Myonen, die man auf dem Dach eines 427,5 m hohen Gebäudes mißt, nur noch 500 am Fuße des Gebäudes ankommen. Eine Messung weist jedoch aus, daß viel mehr ankommen. Begründen Sie das Meßergebnis.

2.2. Wie hoch müßte das Gebäude sein, damit tatsächlich nur die Hälfte auf Straßenniveau ankommt?

2.3. Wieso ist bei dem „Zwillingsparadoxon" ein Unterschied im Lebensalter zu erwarten, obwohl doch *Einstein* die Nichtunterscheidbarkeit von Inertialsystemen fordert?

3.1. Ein Raumschiff bewege sich unter den üblichen Annahmen. Zur Zeit $t_1 = 2{,}0$ s werde von der Erde ein Lichtsignal zum Raumschiff gesandt, ebenso zur Zeit $t_2 = 5{,}0$ s von einer relativ zur Erde ruhenden Raumstation mit den Koordinaten $x_2 = 15 \cdot 10^8$ m, $y_2 = z_2 = 0$. Die Raumschiffbesatzung aber registriert beide Ereignisse als gleichzeitig.
Berechnen Sie die Relativgeschwindigkeit Erde – Raumschiff. (Ergebnis: 0,6 c)

3.2. Zu welcher Raumschiffzeit trifft das von der Erde abgesandte Signal im Raumschiff ein? (Durch Rechnung zu lösen)

3.3. Zeichnen Sie ein *Minkowski*-Diagramm mit „B′-s Hier" und bestimmen Sie zeichnerisch die Zeiteinheiten auf dieser Achse. (Blatt Hochformat mit etwa 13 cm × 13 cm Zeichenfläche; 1,5 cm für 1 s bzw. 300.000 km).

3.4. Zeichnen Sie die Weltlinien der beiden Lichtsignale ein.

3.5. Beschreiben Sie unter Verwendung der Ereignispunkte E_1 $(x_1; t_1)$ und E_2 $(x_2; t_2)$ in einem Satz die Lage von „B′s Jetzt".

Problemlösendes Denken bei Aufgabe 3.2.

Arbeitszeit: 90 Minuten.

Die Lösungen und ein Bewertungsvorschlag:

1.1. Winkelspiegel oder Biprisma. Aufspaltung in zwei Lichtbündel um Kohärenzbedingung zu erfüllen. Von den virtuellen Lichtquellen unterschiedliche Weglängen zu den Punkten des Schirmes. 10 Pkt Ro

1.2. Komponentenzerlegung des *E*-Vektors in Einfallsebene und senkrecht dazu. Elektronenschwingungen in Oberfläche des reflektierenden Mediums senkrecht zur Ebene wirken im reflektierten Strahl mit voller Amplitude, Schwingungen in der Ebene nur mit Komponente senkrecht zur Richtung des reflektierten Strahles. Diese Komponente kann sogar verschwinden. 8 Pkt T

2.1. Zerfall richtet sich nach der Eigenzeit der Myonen, deren Uhr wegen Zeitdilatation langsamer geht. Oder: wegen Längenkontraktion erscheint den Myonen das Gebäude niedriger. 3 Pkt Rp

2.2. Umrechnung Halbwertszeit als Eigenzeit in Laborzeit. $t = 5 \cdot 10^{-6}$ s. Aus t und Geschwindigkeit $h = 1425$ m. 7 Pkt Ro

2.3. Da bei Start, Umkehr und Landung die Rakete beschleunigt wird, handelt es sich gerade nicht um Inertialsysteme. 3 Pkt Rp

3.1. $x_1 = 0$, also $t_1' = 2\text{ s} : \sqrt{1-\beta^2}$ $\quad t_2 = (5\text{ s} - vx_2 : c^2) : \sqrt{1-\beta^2}$
Gleichsetzung liefert $v = 0{,}6\,c$ 6 Pkt Ro

3.2. Zur Zeit $t_1' = 2{,}5$ s wird das Licht von der Erde mit Raumschiffkoordinate $x_1' = (0 - 0{,}6\,c \cdot 2\text{ s}) : 0{,}8 = -4{,}5 \cdot 10^8$ m abgesandt. Danach benötigt das Licht, da c konstant, 1,5 s, kommt also zur Raumschiffzeit

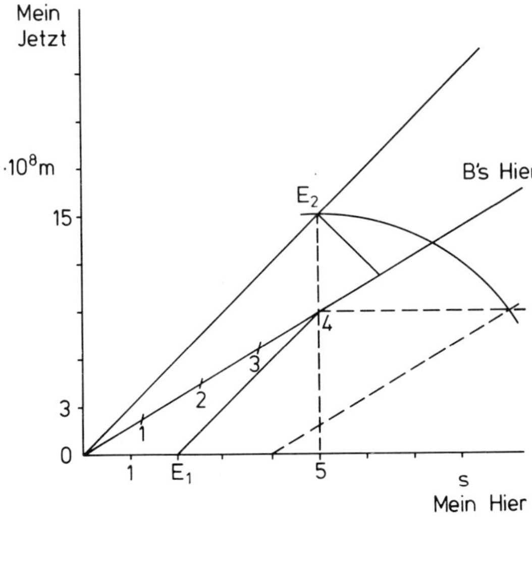

4,0 s an. Alternativ Berechnung Treffpunkt Licht/Raumschiff im Erdsystem als Einholproblem und Umrechnung der Treffzeit mit *Lorentz*-transformation. 6 Pkt PD

3.3. Siehe Abb. 8 Pkt Rp

3.4. Siehe Abb. Dient zugleich zur Überprüfung des Ergebnisses der Aufgabe 3.2. 7 Pkt T

3.5. „B's Jetzt" ist eine Parallele zu E_1E_2 durch $t' = 0$. 2 Pkt Ro

Summe: 60 Rohpunkte und zwar

14 Pkt Reproduktion (Rp), 25 Pkt Reorganisation (Ro), 15 Pkt Transfer (T) und 6 Pkt Problemlösendes Denken (PD).
Bewertungen entsprechen den „Beschlüssen der Kultusministerkonferenz. Einheitliche Prüfungsanforderungen in der Abiturprüfung. Physik".

H.-J. Nestler, Mainaschaff

Autorenverzeichnis

Studiendirektor *Hans Baumbach*, 4130 Moers 1 [M 4 / M 6 / S 10 / S 11 / E 5 / E 8]

Oberstudienrat *Heinrich Brockmeyer*, 3470 Höxter [T 1 / T 2 / T 3 / T 4 / E 15 / E 21 / E 31 / E 33 / E 34 / E 35 / E 36 / A 1 / A 3 / A 5 / A 11 / A 13 / A 14 / A 15 / A 17 / A 18 / A 19 / A 22]

Studiendirektor *Herbert Brosch*, 6747 Annweiler [E 16]

Oberstudienrat Dr. *Ingo Buchholz*, 5020 Frechen [E 32]

Oberstudienrat *Walter Czech*, 8908 Krumbach/Schw. [A 23 / A 24 / A 25 / A 26 / A 27 / A 28 / A 29 / R 1 / R 2 / R 3 / R 4 / R 5 / E 2 / E 3 / E 7 / E 26 / E 29 / A 2 / A 4]

Dr. *Hans-Jochen Danckwerts*, 2120 Lüneburg [M 12]

Studiendirektor Dr. *Ernst Herrmann*, 5200 Siegburg [M 11 / S 9 / E 9 / A 16]

Oberstudienrat *Kurt Hintze*, 2148 Zeven [S 4 / S 7 / E 10 / E 24 / A 6]

Studiendirektor *Karl Imkamp*, 4047 Dormagen 11 [S 2 / S 12 / E 28]

Studienrat *Heinz-Jürgen Krell*, 6107 Brensbach-Wersau [E 25 / E 27]

Studiendirektor *Klaus Kursawe*, 4000 Düsseldorf [M 8 / S 3 / E 14 / E 18 / E 19 / E 30]

Studiendirektor *Walter Lassner*, 4573 Löningen [M 7 / E 12 / E 37 / A 8 / A 20 / A 21]

Studiendirektor *Paul Linnemann*, 4790 Paderborn [M 2 / M 3 / E 20 / E 22]

Dipl.-Phys. *Hans-Joachim Nestler*, 8752 Mainaschaff [E 6 / E 23 / A 7 / A 10 / R 6]

Studienrat Dipl.-Phys. *Helmut Reimers*, 4800 Bielefeld [S 1]

Studiendirektor *Jürgen Reimers*, 5205 St. Augustin [A 12]

Studienrat Dr. *Christian Rühenbeck*, 3406 Bovenden 1 [S 5 / S 8 / E 1]

Studiendirektor *Walter Südbeck*, 4590 Cloppenburg [M 1 / M 5 / M 9 / M 10 / S 6 / E 4 / E 11 / E 13]

Studienrat *Ludwig Weyand*, 5501 Gutweiler [E 17]